从量子到宇宙

——颠覆人类认知的科学之旅

高 鹏 著

清華大学出版社
北 京

内容简介

本书以各种不可思议的量子现象为主线，以物理学家们所做的各种令人惊奇的实验为脉络，循序渐进地介绍了人类探索量子世界的整个过程。作为一本科普读物，本书涵盖了波粒二象性、叠加态、概率幅、纠缠态、隧道效应、电子云、超流体、量子真空涨落、费曼图、超弦理论等量子力学中引人入胜的大部分内容，也介绍了扫描隧道显微镜、量子计算机、量子隐形传态等量子工程技术，同时还把相关的历史趣事穿插其中。另外，书中还介绍了一些与量子物理相关的粒子物理、相对论、宇宙学等内容，其中就包括了目前更前沿的领域，如反物质、希格斯粒子、暗物质、平行宇宙，以及引力波等。

图书在版编目 (CIP) 数据

从量子到宇宙：颠覆人类认知的科学之旅/高鹏著.—北京：清华大学出版社，2017 (2023.12重印)

ISBN 978-7-302-45210-2

Ⅰ. ①从… Ⅱ. ①高… Ⅲ. ①量子论 Ⅳ. ①O413

中国版本图书馆CIP数据核字(2016)第264046号

责任编辑：宋成斌
封面设计：肖东立
责任校对：刘玉霞
责任印制：刘海龙

出版发行：清华大学出版社
网　　址：https://www.tup.com.cn，https://www.wqxuetang.com
地　　址：北京清华大学学研大厦A座　**邮　　编：**100084
社 总 机：010-83470000　**邮　　购：**010-62786544
投稿与读者服务：010-62776969, c-service@tup.tsinghua.edu cn
质量反馈：010-62772015, zhiliang@tup.tsinghua.edu.cn
印 装 者：涿州汇美亿浓印刷有限公司
经　　销：全国新华书店
开　　本：145mm × 210mm　**印　　张：**7.25　**字　　数：**186千字
版　　次：2017年1月第1版　**印　　次：**2023年12月第7次印刷
定　　价：65.00元

产品编号：070910-02

自　序

每个人眼中都有一个世界。

每个人眼中的世界都不同。

但是，我们能看到、能感受到的世界只是宏观的世界，是一个看上去按部就班的世界。如果我们能缩小十个数量级，进入量子世界，那其中的奇幻景象，恐怕是你尽最大的想象力也想不到的。

你一定好奇什么是“量子”？它不是一种粒子，而是一种概念。它指的是小尺度世界的一种倾向：物质的能量和其他一些属性都倾向于以特定的方式不连续地变化。

量子世界中的一切物理现象都与我们在日常生活中认知的牛顿力学世界完全不同，我们在日常生活中熟悉的许多基本物理规律在量子世界中都被彻底颠覆。

量子世界是一个由量子力学统治的世界。量子力学对于实验现象的解释和预见性是如此精确，以至于大多数人都不假思索地对它进行应用。但是在量子世界里，一系列不可思议的现象又会让我们怀疑我们到底是否能真正地理解这个世界。量子力学大师费曼曾经说过：“我想我可以相当有把握地说，没有人能理解量子力学。”

十多年前，当我第一次接触量子物理时，我就被它深深地迷住了。量子世界是一个谜一般的世界，在这个世界里，你以往的一切经验都会失去作用；在这个世界里，你就像一个懵懂无知的孩童，一切都会让你觉得新奇。这十年来，我有幸讲授与量子力学相关的课程，我一直在不断地从各种书籍中汲取与量子物理有关的知识，但是，对它的认识越深，我就越觉得它是如此的不可思议。

我们应该感谢那些伟大的物理学天才们，他们对量子物理的探索谱写了科学史上最壮丽的史诗，他们对量子世界的探索让我们知道了世界竟然是如此的神奇。

原来，我们眼中的世界并不是世界的全部。

既然有幸来到这个世界，我们就应该尽量了解这个世界的全部，欣赏这个世界的奇妙，这是作为生命的一种乐趣。

本书以各种不可思议的量子现象为主线，以物理学家们所做的各种令人惊奇的实验为主线，循序渐进地介绍了人类探索量子世界的过程，介绍了量子理论的产生、发展、应用、分支乃至分歧，当然也提出了一些疑问和思考。作为一本科普读物，本书涵盖了波粒二象性、叠加态、概率幅、纠缠态、隧道效应、电子云、超流体、量子真空涨落、费曼图、超弦理论等量子力学中引人入胜的大部分内容，也介绍了扫描隧道显微镜、量子计算机、量子隐形传态等量子工程技术，同时还把相关的历史趣事穿插其中。另外，书中还介绍了一些与量子物理相关的粒子物理、相对论、宇宙学等方面的内容，以使读者对这个奇妙的世界有更深刻的理解。

本书在写作过程中参考了大量相关书籍，主要参考书目列于书后。这些书使我受益匪浅，在此对这些书的作者表示衷心的感谢。

我国本土科学家到现在还没有人获得过诺贝尔物理学奖，原因是多方面的，但我认为，我们太注重于让学生学习课本知识而忽视了课堂之外的知识海洋是原因之一。青少年时期是培养科学兴趣最重要的时期，只有广泛涉猎才能发现自己的兴趣爱好，为将来打下基础。希望本书能够激发广大读者朋友尤其是青少年朋友们对科学的热情，这正是我写作的初衷所在。另外，由于能力所限，疏漏和不足之处在所难免，敬请读者朋友们批评指正。

高鹏

2016年8月份于山东威海

目　录

谁要是不为量子理论感到震惊，那就是因为他还不了解量子理论。

——尼尔斯·玻尔

我想我可以相当有把握地说，没有人能理解量子力学。

——理查德·费曼

光的本性之争：光是粒子还是波？

“量子”这个概念最早源自科学家对光的认识，所以就让我们从光的性质说起吧。

自古以来太阳就是人类膜拜的对象。阳光是人类必不可少的生命源泉，但人们对于光到底是个什么东西却说不清楚，所以古人只好把太阳当作神灵来崇拜，把太阳作为光明的象征，也把太阳看作是世界的统治者。

在很长一段时间内，人类对光的认识只限于某些简单的现象和规律描述，例如，战国时期的《墨经》中记载了投影、小孔成像等光学现象；古希腊学者欧几里得的《反射光学》论述了光在传输过程中的直线传播原理和光的反射定理。

随着科学的发展，人们逐渐开始以科学的方法来研究光，并发现了反射、折射等一些基本的光学现象。到了17世纪，人们开始研究光的本性，但对于光的性质却发生了似乎是水火不容的争论：牛顿认为光是一种粒子，而惠更斯却认为光是一种波。

1.1 惠更斯的波动学说

荷兰物理学家惠更斯认为，如果光是一种粒子，那么光在交叉时就会因发生碰撞而改变方向，可人们并没有观察到这种现象，所以粒子说是错误的。他认为，光是发光体产生的振动在“以太”中的传播过程，以球面波的形式连续传播。当时人们认为以太是充满了整个空间的一种弹性粒子，当然，现在已经证明这是一种子虚乌有的东西。惠更斯认为，以太波的传播形式不是以太粒子本身的移动，而是以振动的方式传播。

1690年，惠更斯出版了《光论》一书，阐述了他的光波动原理。他指出：“光波向外辐射时，光的传播介质中的每一物质粒子不只是把运动传给前面的相邻粒子，而且还传给周围所有其他和自己接触并阻碍自己运动的粒子。因此，在每一粒子周围就产生以此粒子为中心的波。”

惠更斯在此原理基础上，推导出了光的反射和折射定律，解释了光速在光密介质中减小的原因，同时还解释了光进入冰洲石所产生的双折射现象（1669年，丹麦学者巴尔托林发现了此现象，透过它可以看到物体呈双重影像）。

惠更斯的波动学说虽然冠以“波动”一词，但他把错误的“以太”概念引入波动光学，对波动过程的基本特性也缺乏足够的说明。他认为光波是非周期性的，波长和频率的概念在他的理论中是不存在的，所以难以说明光的直线传播现象，也无法解释他发现的光的偏振现象。惠更斯的光学理论只是很不完备的波动理论。

1.2 牛顿的粒子学说

牛顿则坚持光的粒子说。他做过很多光学实验，其中就包括著名的三棱镜色散实验。其实这个实验在他之前就有人做过，不过做得不好，只获得了两侧带有颜色的光斑，而牛顿则获得了展开的光谱。而且他用各种不同的棱镜以及不同的组合方式严谨地研究了色散现象，所以不少人都认为色散现象是他最早发现的。

牛顿认为，既然光是沿直线传播的，那就应该是粒子，因为波会弥散在空间中，不会聚成一条直线。最直观的实验证明就是物体能挡住光而形成阴影。他在1675年12月9日送交英国皇家学会的信中鲜明地指出：

“我认为光既非以太也不是振动，而是从发光物体传播出的某种与此不同的东西……可以设想光是一群难以想象的微小而运动迅速的、大小不同的粒子，这些粒子从远处发光体那里一个接着一个地发射出来，但我们却感觉不到相继两个粒子之间的时间间隔，它们被一个运动本原所不断推向前进……”

牛顿在1704年发表了《光学》一书，书中论述了关于光的反射、折射、拐射以及颜色等问题的实验和讨论，也提到了对于光的衍射现象的一些观察实验。虽然《光学》一书主要叙述了他的微粒说观点，但是他也不得不含糊地借用一些波动理论来解释一些实验现象。实际上，牛顿在后期的研究中精确地测量了各种颜色光的波长，但他并不将其称为波长，而且声明：

“这是何种作用或属性，究竟它在于光线或媒质，还是别的某些东西的一种圆周运动或是振动，我在此不予探究……”

由于牛顿和惠更斯都提出了有理有据的论证，但又都有一些破绽，所以科学家们分成了两大阵营，为光的微粒说和波动说吵得不可开交。虽然牛顿含糊地借用了一些波动论的观点，但由于他的巨大声望以及著作中实验和理论分析的严谨性，一时间光的微粒学说占据了上风。

1.3 杨氏双缝干涉实验

一个世纪以后，情况发生了变化。1807年，英国科学家托马斯·杨发表了一篇论文，这篇论文里描述了他发现的光的干涉实验：

“使一束单色光照射一块屏，屏上开有两条狭缝，可认为这两条缝就是两个光的发散中心。当这两束光射到一个放置在它们前进方向上的屏上时，就会形成宽度近于相等的若干条明暗相间的条纹……”

这个实验现在叫做杨氏双缝干涉实验，是物理学史上最著名的实验之一。一束光照射到两条平行狭缝上（见图1-1（a）），如果按照牛顿的光粒子理论，这束光只能在两条狭缝后的屏幕上照出两条亮条纹，但实验结果却是整个屏幕上都出现了明暗相间的条纹（见图 1-1（b）），这不就是波的干涉条纹吗？托马斯·杨终于找到了支持波动说的有力证据：光从两条狭缝中通过后，波峰和波峰叠加形成亮条纹，波峰和波谷叠加形成暗条纹。

托马斯·杨成功地完成了光的干涉实验，并由此测定了光的波长，从而为光的波动性提供了重要的实验依据。

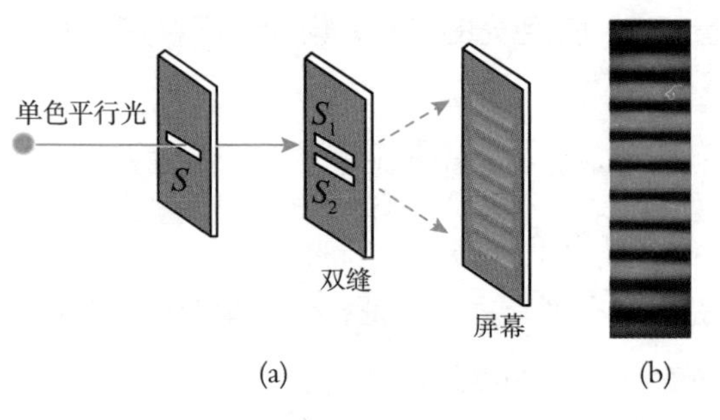

图 1-1　杨氏双缝干涉实验示意图

用单色平行光照射一个窄缝 S，即窄缝相当于一个线光源。S 后放有与其平行且对称的两狭缝 S_1 和 S_2，双缝之间的距离非常小，双缝后面放一个屏幕，则可以在屏上观察到明暗相间的干涉条纹

1.4　泊松的乌龙球

杨氏双缝干涉实验拉开了光的波动说对微粒说的反击序幕。1818 年，菲涅耳和泊松又发现光在照射圆盘时，在盘后方一定距离的屏幕上，圆盘的影子中心会出现一个亮斑。这是光的圆盘衍射，是波动说的又一个有力证据。

当单色光照射在宽度小于或等于光源波长的小圆盘上时，会在后面的光屏上出现环状的互为同心圆的衍射条纹，并且在圆心处会出现一个极小的亮斑，这个亮斑被称为泊松亮斑（见图 1-2）。

泊松亮斑的发现说起来还是一段歪打正着的佳话呢。

1818 年，法国科学院提出一个征文竞赛题目：利用精确的实验确定光线的衍射效应。

当时只有 30 岁的菲涅耳向科学院提交了应征论文，他提出一种半波带法，定量地计算了圆孔、圆板等形状的障碍物产生的衍射花纹，得出的结果与实验吻合得很好。更令人惊奇的是，菲涅耳竟然用波动理论解释了光沿直线传播的现象。

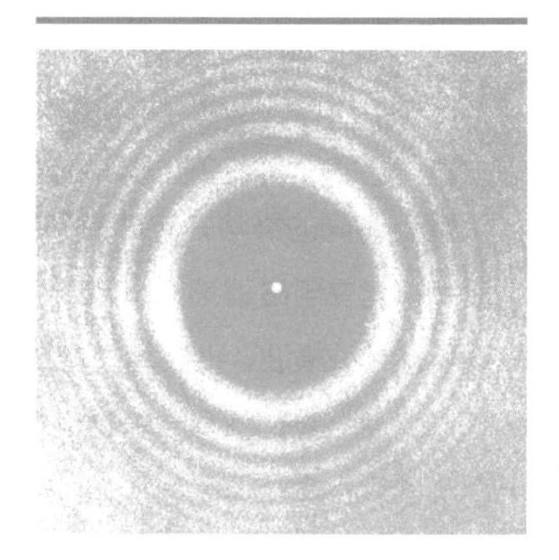

图 1-2　泊松亮斑

竞赛评奖委员会中有著名的科学家泊松，但他当时是坚定的光的粒子论支持者，菲涅耳的波动理论自然遭到了泊松的反对。

泊松希望找到菲涅耳的破绽来驳倒他。他运用菲涅耳的理论推导了圆盘衍射，结果导出了一种非常奇怪的现象：如果在光束的传播路径上放置一块不透明的圆盘，那么在离圆盘一定距离的地方，圆盘阴影的中央应当出现一个亮斑。在当时来说，这简直是不可思议的，所以泊松宣称，他已经驳倒了菲涅耳的波动理论。

但是另一位评委阿拉果却是波动说的支持者，他支持菲涅耳接受这个挑战。他们立即用实验对泊松提出的问题进行了检验，结果发现影子中心真的出现了一个亮斑，这个实验精彩地证实了菲涅耳波动理论的正确性。在事实面前，泊松哑口无言。

这件事轰动了法国科学院，菲涅耳理所当然地荣获了这一届的科学奖。

令人啼笑皆非的是，原本想反对波动说的泊松，竟然无意中帮了波动说一个大忙，虽然属于自摆乌龙，但毕竟为波动论进了一球，波动论者也没有忘记他的功劳，慷慨地把这个现象称为泊松亮斑。不管泊松愿不愿意，他在后人心目中已经成了波动学说阵营中的一员大将。

1.5 光就是电磁波

随着时间的推移，波动说又取得了越来越多的证据。英国科学家麦克斯韦在建立电磁理论的研究过程中，于1862年就预见到光是起源于电磁现象的一种横波，他在相关论文中用斜体字写道：

“*我们很难避免得出这样的结论，即光是由引起电现象和磁现象的同一介质中的横波组成的。*”

麦克斯韦在多年研究的基础上，于1873年出版了《电磁通论》一书，指出了光就是电磁波！

麦克斯韦将电磁学里的四个公式结合起来，提出麦克斯韦方程组。他明确指出，变化的电场会产生磁场，变化的磁场又会产生电场，这样电和磁可以像波（称为电磁波）一样在真空中向前传播而不需要介质。电磁波弥漫在整个空间，以光速传播。麦克斯韦同时预测：光就是电磁波。

1879年，麦克斯韦因病逝世，年仅48岁。不少人都喜欢讲这样一个巧合：爱因斯坦正好在1879年出生，莫非冥冥之中二人有着一定的联系？遗憾的是，这样的八卦是经不住检验的，因为麦克斯韦在11月5日去世，而爱因斯坦在3月14日就出生了。

虽然麦克斯韦提出了电磁波理论，但不少人对此还是半信半疑。1886年，德国物理学家赫兹发明了一种电波环，他用这种电波环做了一系列实验，终于在1888年发现了人们期待已久的电磁波。赫兹的实验公布后，轰动了世界，麦克斯韦的电磁理论至此取得了决定性的胜利。

于是，可见光、紫外线、红外线，以及后来发现的X射线、γ射线等这些之前被认为不相干的东西，现在统统被统一成电磁波，光和电磁波也明确地对应起来。至此，波动说终于彻底击败了粒子说，至少当时人们都是这样认为的。

2 电磁波能量谜团：能量竟然不连续？

电磁波理论取得了空前的成功。牛顿奠定了力学基础，而麦克斯韦则奠定了电磁学基础，他也成为和牛顿比肩的科学巨匠。从惠更斯到麦克斯韦，在众多科学家的努力下，波动说终于击败了粒子说。但是，不久人们就发现波动说的胜利并非完美，因为有几个涉及光的实验是电磁波理论所无法解释的！这也成为当时物理学界的最大谜团。

2.1 黑体辐射谜团

第一个就是黑体辐射规律。

所谓黑体，顾名思义，就是最黑的物体。我们知道，黑色的物体能吸收光，那么最黑的物体就能把射入其内的所有光全部吸收。精确地定义一下，黑体是指能全部吸收外来电磁波的物体，当它被加热时又能最大程度地辐射出电磁波，这种辐射称为黑体辐射。

黑体辐射其实是一种热辐射。任何物体只要处于绝对零度（–273.15℃）以上，其原子、分子都在不断地热运动，都会辐射电磁波（称为热辐射）。温度越高，辐射能力越强。

其实通俗点说，热辐射就是指任何物体都会发光发热：辐射出的电磁波就是“光”，发光时要释放能量，电磁波携带的能量就是我们通常所说的“热”。当然这里的“光”并非都是可见光，只有在500℃以上才会出现较强的可见光，所以我们人类虽然也在发光，发出的却是肉眼看不到的红外线。军事上常用的红外热像仪就是通过接收物体发出的红外线能量，经光电转换获得红外热图像，从而让我们“看到”物体。

实际上，人们很早就开始观察并利用热辐射的能量分布指导生产实践。例如，古人在冶炼金属时，炉温的高低可以根据炉火的颜色判断。战国时期成书的《考工记》中就记载，冶炼青铜时炉中的焰气，随着温度的升高，颜色要经过黑、黄白、青白、青四个阶段，到焰气颜色发青（炉火纯青）时温度最高。另外，青白色的灼热金属比暗红色的灼热金属温度更高。

黑体是研究热辐射的主要工具，因为它的热辐射程度是最完全的。黑体其实并不难做，做一个耐热的密闭箱子，在箱子内壁涂上烟煤，还可以在里边再加几块隔板，然后开一个小孔，这样从小孔射入的光就能被它全部吸收（见图 2-1）；反过来，当它被加热时又能从小孔中最大程度地辐射出电磁波。

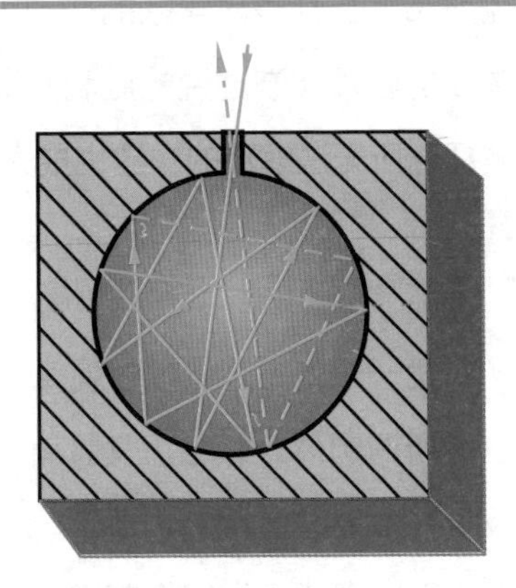

图 2-1 黑体

一个耐热密闭的黑箱子开一个小孔，就是一个简单的黑体，光线射进去就出不来

对黑体加热，它就能发光发热，既然光是一种电磁波，那它就有波长，不同波长的光对应着不同的热——即辐射能量。

19 世纪末，人们已经得到了黑体辐射的光的波长与辐射能量密度之间的实验曲线，可是在理论解释上却出现了大问题，物理学家们按电磁波理论推导出来的公式怎么也无法和全部实验曲线相对应。其中比较好的有维恩公式和瑞利 - 金斯公式，但也只能分别解释短波部分和长波部分（见图 2-2）。

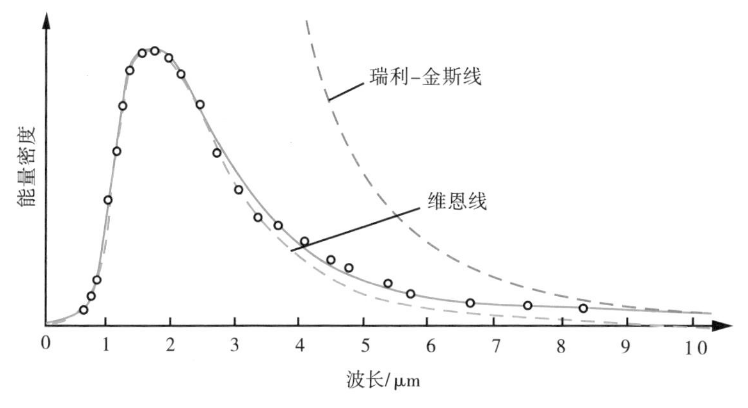

图 2-2　黑体辐射实验值（小圆圈）与两个公式的理论值（虚线）的图示，维恩公式只适用于短波部分，瑞利 - 金斯公式只适用于长波部分

2.2　光电效应谜团

第二个是光电效应。

光电效应，顾名思义，就是由光产生电的效应。1887 年，赫兹发现紫外线照射到某些金属板上，可以将金属中的电子打出来，在两个相对的金属板上加上电压，被打出来的电子就会形成电流（见图 2-3）。这一

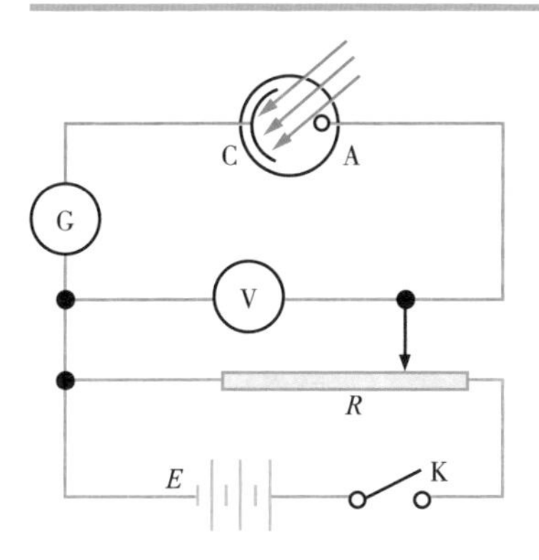

极板 C 被紫外光打出电子，电子在电压作用下移动到极板 A 上，形成电流回路，于是电流表 G 的指针偏转

图 2-3　光电效应实验装置示意图

现象引起众多研究者的兴趣，很快就进行了大量的研究，可是电磁波理论在解释光电效应时却遇到了严重困难。

电磁波理论与实验结果的区别如下：

（1）按电磁波理论，只要光强足够，任何频率的光都能打出电子，可实验结果是再强的可见光也打不出电子，而很弱的紫外线就可打出电子；

（2）按电磁波理论，10^{-3}s 后才能打出电子，可实验结果是 10^{-9}s 即可打出电子；

（3）按电磁波理论，被打出的电子的动能只与光强有关而与频率无关，可实验结果却是电子的动能与光强无关而与光的频率成正比。

实验现象与电磁波理论所做的预测大相径庭，令科学家们颇为苦恼。

2.3 原子光谱谜团

第三个是原子的线状光谱。

原子光谱是原子中的电子在能量变化时所发射或吸收的特定频率的光波。每种原子都有自己的特征光谱，它们是一条条离散的谱线（见图 2-4）。无论是发射光谱还是吸收

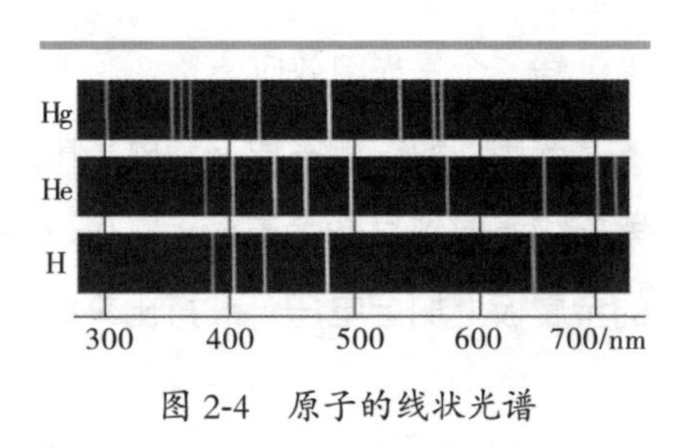

图 2-4　原子的线状光谱

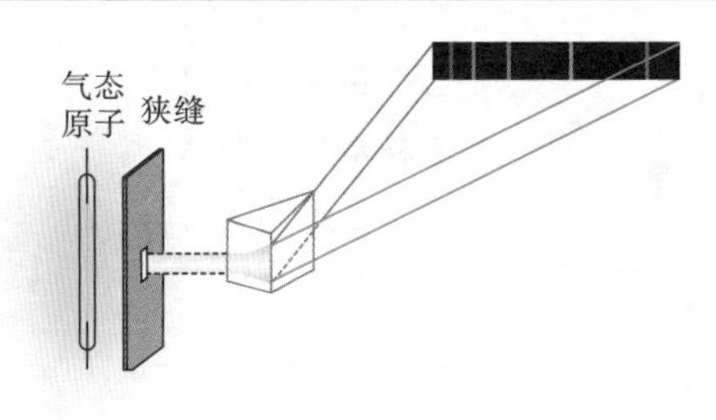

图 2-5　原子发射光谱的测试原理

使试样蒸发气化转变成气态原子，然后使气态原子的电子激发至高能态，处于激发态的电子跃迁到较低能级时会发射光波，经过分光仪色散分光后得到一系列分立的单色谱线

光谱，谱线的位置都是一样的。

原子光谱对于元素来说，就像人的指纹一样具有识别功能，不同元素具有不同的“指纹”。许多新元素的发现（如居里夫人发现的镭）都是通过原子光谱分析得出结论的。

1898 年，居里夫人从沥青铀矿中分离出放射性比铀强 900 倍的物质，光谱分析表明，这种物质中含有一种新元素，放射性正是这种新元素所致，于是她把新元素命名为 Radium（镭），来源于拉丁文 radius，意为“射线”。当然，为了提取出金属镭，居里夫人进行了相当艰苦的工作。因为 1t（吨）沥青铀矿中只含有 0.36g（克）镭，所以她从 1899 年到 1902 年整整干了 4 年，才终于从 4t 铀矿残渣中制取出 0.1g 氯化镭。

原子光谱是如此重要，所以从 18 世纪起，人们就开始研究光谱，到 19 世纪末，光谱学已经取得了很大的发展，积累了大量的数据资料，但物理学家们却难以找出其中的规律，对光谱的起因也无法解释。因为按照电磁波理论，光谱应该是连续的，所以这一条条分离的谱线让科学家们伤透了脑筋。

2.4 石破天惊的量子化假设

黑体辐射、光电效应和原子光谱就像三座大山，紧紧地压在物理学家们的头上，让他们看不到一丝光亮。不过到了 1900 年，刚好是新世纪的头一年，有一座大山终于出现了裂痕，那就是黑体辐射。

1900 年，德国科学家普朗克终于找到了一个能够成功描述整个黑体辐射实验曲线的公式（图 2-2 中绿色实线就是普朗克公式对应的理论曲线），不过他却不得不引入了一个在经典电磁波理论看来是“离经叛道”的假设：*电磁辐射的能量不是连续的，而是一份一份的，即量子化的*。

普朗克提出，电磁波辐射能量的最小单元为 $h\nu$，其中 ν 是电磁波频

率，h 是一个普适常数（后来人们称为普朗克常数），这个能量单元称为能量量子。能量只能以能量量子的倍数变化，即

$$E = h\nu,\ 2h\nu,\ 3h\nu,\ 4h\nu,\ 5h\nu,\ 6h\nu,\ \cdots$$

这真是个石破天惊的假设！爱因斯坦后来对此评价道：

“普朗克提出了一个全新的、从未有人想到过的概念，即能量量子化的概念。”“该发现奠定了 20 世纪所有物理学的基础，几乎完全决定了其以后的发展。”

19 世纪末，牛顿力学、麦克斯韦电磁场理论、吉布斯热力学和玻耳兹曼统计物理已经构建起完善的物理学体系，现在我们称之为经典物理学体系。在经典物理中，对能量变化的最小值没有限制，能量可以任意连续变化。但在普朗克的假设中，能量有固定的最小份额，这个最小份额就是所谓的能量量子，能量只能以最小份额的倍数变化，这种特征就叫做能量量子化。

也就是说，曾经被认为是能量连续的电磁波，其实只能以一些小份能量（能量量子）的整数倍的形式携带能量，不同频率的光波对应不同大小份额的能量量子（见图 2-6）。能量被凭空隔断为断断续续的不连续序列，这真是太难以置信了！这还能叫波吗？

能量量子化假设虽然解释了黑体辐射规律，但这个假设太过大胆了，当时的科学家们都对之抱以怀疑态度，就连普朗克本人也觉得自己的解释不靠谱，总想回到经典物理体系当中。接下来的许多年里，他一直在尝试如何才能用经典物理学来取代量子化理论，当然，最后的结果都是徒劳无功。

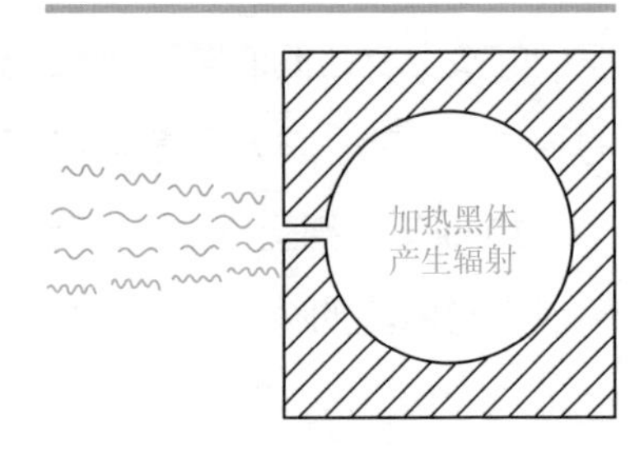

图 2-6　黑体辐射示意图，其能量不是连续的，而是量子化的

不管普朗克本人是多么不情愿，他提出的能量量子化假设却成了量子革命的开端，他也为此获得了 1918 年的诺贝尔物理学奖。

既然能量是量子化的，为什么我们从来没有察觉到这一现象呢？

我们之所以在日常生活中看不到量子效应，是因为普朗克常数实在太小了，$h=6.626\times10^{-34}$ J·s。再换一种写法也许你会更清楚地感受到它有多小：$h=0.0000000000000000000000000000000006626$ J·s。

由于普朗克常数如此微小，所以人们才一直误以为能量是连续的。

爱因斯坦的光速不变原理开创了相对论，光速 c 也成为宏观世界最重要的恒量；而普朗克的能量量子化假设开创了量子理论，h 也成为微观世界最重要的恒量。

马克斯•普朗克（Max Planck，1858—1947 年），德国物理学家，量子论的开山鼻祖。普朗克早期主要研究热力学原理对于能量和熵的解释，他的博士论文题目就是《论热力学第二定律》。19 世纪末，普朗克在热力学方面的研究得到了认可，被柏林大学聘为教授。在这一时期，他开始研究黑体辐射问题。1900 年 12 月 14 日，普朗克在德国物理学会宣读了论文《论正常光谱中的能量分布》，文中他提出：能量分布是量子化的。这篇论文将量子这个概念召唤到了历史舞台上，从此以后，物理学发生了翻天覆地的变化。令人困惑的是，普朗克对爱因斯坦的相对论很早就给予高度评价，但他却无法彻底接受自己提出的量子的概念。他在以后多少年中都试图用经典统计理论来解释量子概念，以便将量子论纳入经典物理学的范畴。当然，这是不可能成功的。

---

3 量子化与连续性之辩

有人认为量子化的概念太过难以理解，其实仔细分析起来，连续性才是一个更让人难以理解的概念。比如说，你能说出哪个数字和 1 是连续的吗？是 1.1？还是 1.000001？还是 1.00000000001？无论你说出哪个数字，还是有无数个数字夹在它和 1 中间，那到底哪个数字才和 1 连在一起呢？连续性在数学上都难以做到，描述真实世界的物理量又如何能做到呢？

有人说了，我虽然没法连续数数，但我可以在纸上画一条线，这条线不就是连续的吗？是吗？让我们在纸上画一条线，然后用放大镜来仔细看看。还是连续的吗？好，拿扫描隧道显微镜放大上千万倍看看。你只会看到一个一个的原子在不停地振动，它们还是连续的吗？

还有人不服气，那时间和空间总该是连续的吧？其实这也只是人们头脑中的一种想象，实际上，时间和空间也是不连续的。这一点，我们可以从古希腊哲学家芝诺提出的阿基里斯与乌龟赛跑的悖论来分析。

3.1 芝诺悖论：你能追上乌龟吗？

阿基里斯是古希腊神话中的跑步健将。假设他和乌龟赛跑，他的速度为乌龟的 10 倍，乌龟在其前面 10m 处出发，他在后面追。芝诺可以证明，阿基里斯永远不可能追上乌龟！

当阿基里斯追到 10m 时，乌龟已经向前爬了 1m；而当他追过这 1m 时，乌龟又已经向前爬了 0.1m，他只能再追向那个 0.1m（见图 3-1）。因为追赶者需要用一段时间才能达到被追者的出发点，这段时间内被追者已经又往前走了一段距离，所以被追者总是在追赶者前面。这样，阿基里斯就永远也追不上乌龟！

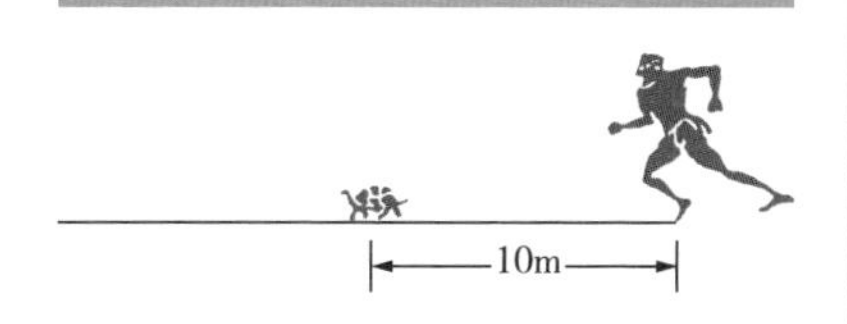

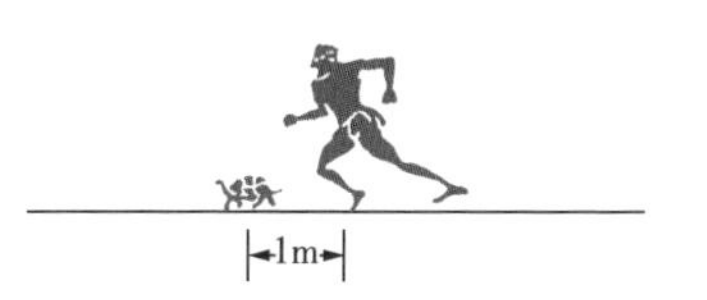

图 3-1　阿基里斯追乌龟

这个悖论的问题出在哪儿呢？乍一看，其逻辑推理确实是无懈可击的，但实际上这个推理建立的基础是：时间和空间是可以无限分割的。因为芝诺将追赶的过程分成了无穷多个部分，到后来阿基里斯与乌龟的距离无穷小，追上这段距离所需的时间也无穷小。如果时空真能无限分割，那么他就永远也追不上。

数学家们是这么解释的：阿基里斯虽然需要追赶无穷多段路程，每一段路程也需要一定时间，但这无穷多个时间构成的是收敛数列，也就是说，这个无穷数列的总和是有限的。假设阿基里斯速度是 10m/s，则这无穷多个时间的总和是 10/9s，即

$$1+\frac{1}{10}+\frac{1}{100}+\frac{1}{1000}+\cdots=\frac{10}{9}\ (\mathrm{s})$$

但是数学家们显然回避了另一个问题，就是阿基里斯如何在有限的时间里完成这无穷多个过程？只要是无穷，那就没有尽头，他怎么能一眨眼间就完成了呢？

3.2　玄而又玄的无穷

事实上，问题就出在这个无穷上。无穷大和无穷小都是数学中制造出来的很玄虚的概念，很多悖论都是在此基础上产生的。为什么说无穷

大和无穷小很玄虚呢？我们来看看下面的例子。

正整数有无穷多个，正整数的平方也有无穷多个，即

正整数	1	2	3	4	5	6	7	8	…
平方数	1^2	2^2	3^2	4^2	5^2	6^2	7^2	8^2	…

那么到底是正整数多呢，还是它们的平方数多呢？数学家们认为它们是一样多的，因为上下两列数字建立了一一对应关系。

可是从另一个角度看，平方数明明只是正整数的一部分，平方数应该远远少于正整数啊。从这个角度来看，平方数只和正整数中的一小部分建立了一一对应关系，即

正整数	1，	2，	3，	4，	5，	6，	7，	8，	9，	10，	…，	15，	16，	17，	…，	24，	25，	26，	…
平方数	1^2，			2^2，					3^2，				4^2，				5^2，		…

这两个数列都包含无穷多个数，也就是说它们的个数都是无穷大，那么这两个无穷大到底是什么关系呢？真是让人困惑。

无穷小也很玄虚。无穷小到底是多小？无穷小加无穷小是多少，无穷小乘无穷小呢，都是无穷小吗？多少个无穷小相加才能不是无穷小呢？恐怕谁也说不清楚。

造成上述糊涂账的原因就在于，无穷大和无穷小都是人们头脑中想象出来的东西，在真实世界中是不存在的！

事实上，人人都知道阿基里斯很快就能追上乌龟，既然如此，那就证明芝诺这个推理的基础是错的，也就是说，他不能将追赶的过程分成无穷多个部分，时间和空间是不能无限分割的，或者说，时间和空间是不连续的！

3.3 时空是量子化的

现代物理理论认为，时空是不能无限分割的，时空也存在着不可分割的基本结构单元，长度的最小单元大约是 10^{-35}m，时间的最小单元大约是 10^{-43}s，低于这两个值的时空是无法达到的，也是没有意义的。

	最小单元	精确值
长度	普朗克长度	1.61624×10^{-35}m
时间	普朗克时间	5.39121×10^{-44}s

由此看来，时空也是不连续的，也是量子化的，时空流逝就像放电影一样，一帧一帧叠加起来，看上去是连续的，实际上是以我们人类察觉不到的微小单元在前进。

普朗克长度实在是太小了，要知道，原子的尺度是 10^{-10}m，原子核的尺度是 10^{-15}m，而普朗克长度比原子核还小 20 个数量级。打个比方来说，如果把普朗克长度放大到大头针针尖大小，那么大头针就会有宇宙那么大。普朗克时间也极其微小，这正是我们以为时空是连续的原因。

3.4 运动是连续的吗？

既然时空是不连续的，那么很自然就会得出运动也是不连续的结论。由于目前实验条件的限制，科学家还无法直接观察到微观粒子的运动状态，因此对不连续运动的研究比较少，而且还停留在理论阶段。近几年有学者提出了一个尝试解释运动本质的“量子跳跃／量子停止”假说。

这一甚为大胆的假说认为：当把某一粒子的运动的宏观轨迹无限细分之后，细分后的每一段只能是由两种状态组成：一是“量子跳跃”，指粒子由空间的一点运动到另一点，而时间在这一过程中是停止的；另一状态是“量子停止”，即粒子停止在空间内的某一点，而时间是流逝的。图 3-2

中，Δr 表示量子跳跃的距离，Δt 表示量子停止的时间。

爱因斯坦早已在相对论中指出时间和空间构成了四维时空，我们是在四维时空中运动。“量子跳跃 / 量子停止”假说则指出：粒子只能在时间维度和空间维度中轮流运动，而在四维时空里连续运动的状态是不存在的。这种假说是否正确当然现在没有定论，但不连续运动这一问题却值得我们深思和探讨。

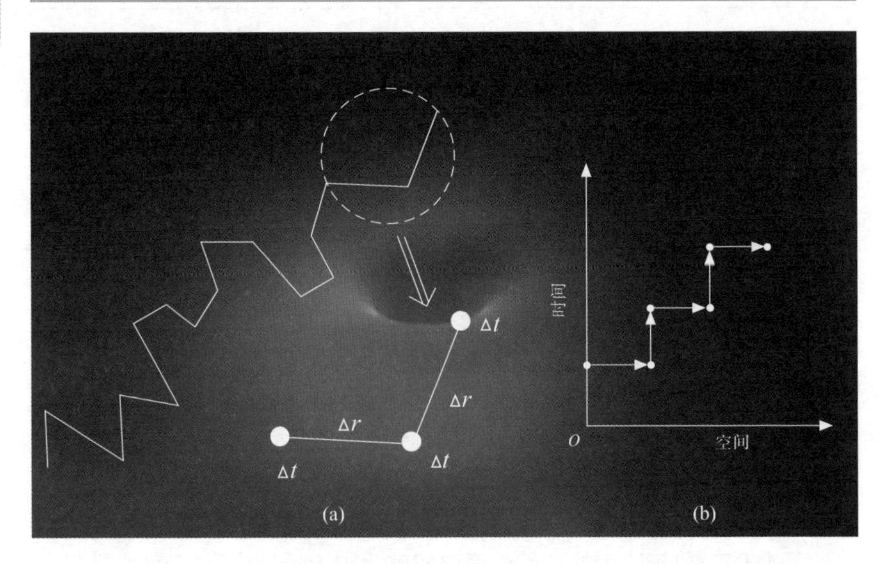

图 3-2 “量子跳跃 / 量子停止”假说示意图

3.5 量子化才是世界的本质

既然无法找到真正连续的东西，那么连续只能是数学中的一个理想化的概念，在物理学中，在真实的世界中，量子化才是世界的本质！所以说，虽然普朗克自己并没有意识到，但他的量子化假设却开启了人类真正认识世界的大门。

需要特别说明的是，量子化和不连续也是有区别的。打个比方，假如说能量量子是 1，那么能量的取值就只能是：

1，2，3，4，…

即 1 的整数倍，这叫量子化。如果你给定一系列能量，比如说：

1，1.5，2，2.5，…

尽管也是不连续的，但却与量子化不符。

也就是说，量子化是不连续的，而且是有严格限定条件的不连续。这看起来好像也是难以理解的，不过当你想想构成世界的原子只能是 1 个、2 个、3 个……电子只能是 1 个、2 个、3 个……基本粒子只能是 1 个、2 个、3 个……而没有半个。类比一下，你应该就能理解为什么能量也是 1 份、2 份、3 份……了吧。

如果你还觉得疑惑，那么接下来就看看爱因斯坦对能量量子化是如何理解的吧。

4 光的波粒二象性

普朗克用能量量子化假设解释黑体辐射规律的论文发表后，虽然受到普遍的质疑，但也引起了一个人的兴趣，这个人就是爱因斯坦。当然，那时候的他还是个默默无闻的专利局小职员，就算这个职位，也是经过两年多的失业痛苦后才好不容易谋到的。

爱因斯坦具有敏锐的科学洞察力，他不但利用洛伦兹变换建立了狭义相对论，而且还利用普朗克的能量量子化假设解释了光电效应，从而揭示了光的本质。

4.1 爱因斯坦的光子理论

普朗克提出电磁波携带的能量是量子化的，不同频率电磁波的能量量子为 $h\nu$，但他并没有提到电磁波为什么会出现这一份一份的能量单元，而且他认为这一份一份的能量单元仍然是一种振动的波。

爱因斯坦则敏锐地认识到，这一份一份的能量单元里大有文章。当时已经知道光是一种电磁波，他把黑体辐射和光电效应的实验现象结合起来考虑，又思考了牛顿的光粒子学说，从而认识到，如果把这一份一份的能量量子看作是粒子，光通过具有粒子性的能量量子进行传播并与物质发生相互作用，则光电效应问题迎刃而解。爱因斯坦将这种能量点粒子称为光量子，后来人们改称为光子。

爱因斯坦给出了光子的能量公式，即

$$E=h\nu$$

式中，E 为每个光子的能量，v 为光的频率。

1905 年，爱因斯坦发表了阐述这一观点的论文，题为《关于光的产生与转化的一个试探性观点》。他在论文中将光电效应作为光子理论的一个事例进行了解释，并从理论上推导出了描述光电效应的光电方程。

他在论文中这样写道：

“在我看来，关于黑体辐射、光致发光、光电效应以及其他一些有关光的产生和转化现象的实验，如果用光的能量在空间中不是连续分布的这种假说来解释，似乎就更好理解。按照我的假设，从点光源发射出来的光束的能量在传播中不是连续分布在越来越大的空间之中，而是由个数有限的、局限在空间各点的能量量子所组成，这些能量量子能够运动，但不能再分割，而只能整个地被吸收或产生出来。”

光子学说可以很好地解释光电效应。因为每一个光子的能量都是固定的 hv，那么光照射到金属表面，金属所受到的打击主要取决于单个光子的能量而不是光的强度，光的强度只是光子流的密度而已。

打比方来说，光子就是子弹，能否打穿钢板只取决于子弹的动能，而与子弹的发射密度无关。如果是大口径步枪，一颗子弹就能击穿钢板，如果是玩具手枪射出的塑料子弹，一百把手枪同时发射也打不穿钢板。

在光电效应实验中，紫外线就是大口径步枪的子弹，可见光就是玩具手枪的子弹，所以很弱的紫外线就可打出电子，而再强的可见光也打不出电子，因为可见光的强度高只不过意味着塑料子弹密集发射而已。

因为光子能量是 hv，所以被光子打出来的电子的动能就与光的频率 v 成正比，而与光强无关。

1909 年，爱因斯坦在一次国际会议上进一步提出光子应该具有动量。1916 年，他在另一篇论文《关于辐射的量子论述》中给出了光子的动量公式为

$$p=h/\lambda$$

式中，p 为每个光子的动量，λ 为光的波长。

其实推导光子的动量公式对爱因斯坦来说相当容易，他将自己的得意之作狭义相对论中的质能方程用在光子身上，得到光子动能为

$$E=mc^2$$

而在他的光量子理论中光子动能为

$$E=h\nu=hc/\lambda$$

二者联立起来，就得到

$$p=mc=h/\lambda$$

式中，c 为光速，它既是光子运动的速度，也是电磁波传播速度。

在此爱因斯坦巧妙地将代表波动性的能量公式 $E=h\nu$ 和代表粒子性的能量公式 $E=mc^2$ 结合在一起，实现了波动性和粒子性这两种表现形式的统一。

4.2 光子理论是牛顿粒子论的回马枪吗？

光子概念的提出，既符合普朗克的能量量子化假设，又能很好地解释光电效应，按理说应该引起人们的重视，可是因为当时大家已经公认了光就是一种电磁波，现在爱因斯坦又重提粒子论旧谈，明显与麦克斯韦电磁场理论相抵触，所以很多科学家都视之为奇谈怪论，甚至连普朗克都表示反对。

光子理论真的是重提粒子论旧谈吗？

爱因斯坦在他的光子理论中给出了两个重要公式：

光子能量 $E=h\nu$

光子动量 $p=h/\lambda$

式中，λ 为光的波长，ν 为光的频率，h 是普朗克常数。

这两个公式看起来简单，实际很不简单。爱因斯坦通过这两个公式把粒子和波联系起来了：粒子的能量和动量是通过波的频率和波长来计算的，也就是说，爱因斯坦把光同时赋予了粒子和波的属性，光具有波粒二象性！

可见，光子理论并不是旧的粒子论，而是结合了粒子性和波动性的新理论，这是一个伟大的新发现。

普朗克对爱因斯坦的相对论很早就给予高度评价，但对光子理论却持否定态度，实在是令人困惑。然而，这似乎又不奇怪，如前所述，正是普朗克本人在多少年中都试图将他自己的能量量子理论纳入经典物理学范畴，当然，这是不可能成功的。

尽管被普遍质疑，但事实胜于雄辩。1916 年，密立根在进行了 10 年的光电效应实验工作后，终于全面地证实了爱因斯坦光电方程的正确性。科学家们不得不认真审视光量子理论，并最终承认了它。爱因斯坦因此获得了 1921 年的诺贝尔物理学奖，密立根获得了 1923 年的诺贝尔物理学奖。

阿尔伯特·爱因斯坦（Albert Einstein，1879—1955 年），世界上最伟大的物理学家之一。爱因斯坦出生在德国的一个犹太人家庭，1894 年随家迁居意大利，随后只身到瑞士的苏黎世求学。1900 年毕业于瑞士联邦理工学院（也译作苏黎世联邦理工学院或苏黎世联邦工业大学），待业两年后，被瑞士伯尔尼专利局聘用为技术员。1905 年，身为技术员的爱因斯坦发表了改变世界的三篇论文。这三篇论文阐述了他当时建立的三个理论：①狭义相对论；②根据分子热运动解释布朗运动的理论；

③解释光电效应的光量子理论。其中光量子理论为量子力学的诞生作出了重要贡献。1909年，爱因斯坦离开专利局，开始在各个大学辗转任教。1916年，他又建立了广义相对论。相对论是关于大尺度范围内的时空和引力的理论，使现代科学的面貌彻底改观。可以说，爱因斯坦既是宏观物理学的开创者，又是微观量子理论的奠基人。相对论和量子力学给物理学带来了革命性的变化，共同奠定了现代物理学的基础，以此看来，用旷世奇才来形容爱因斯坦应该一点也不为过。

4.3 原子能量量子化与原子光谱

1913年，丹麦物理学家玻尔利用量子化假设以及光子理论对氢原子的线状光谱做出了解释。

玻尔提出一个新的原子结构模型（见图4-1），此模型中，原子中电子的运行轨道是固定的，每一个轨道对应一个固定的能量，即轨道能量是量子化的。电子只能在确定的分立轨道上运行，此时并不辐射或吸收能量，只有当电子在各轨道之间跃迁时才有能量辐射或吸收。

另外，能量是以光子形式辐射或吸收的，辐射或吸收光子的能量就是两个跃迁轨道的能量之差，即

$$\Delta E=h\nu$$

式中，ΔE是两个跃迁轨道的能量之差，也就是光子的能量；ν为光子的频率。

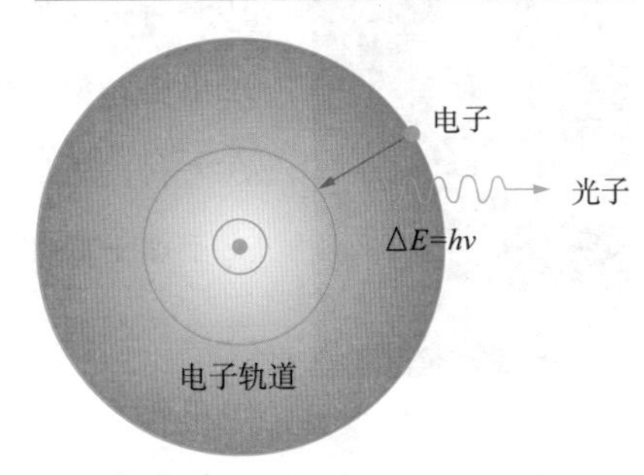

图4-1　玻尔原子模型示意图

由于轨道能量是量子化的，所以辐射或吸收光子的能量也是量子化的，所对应光子的频率也是量子

化的，因此，原子光谱的谱线是分离的而不是连续的。玻尔据此对氢原子光谱的波长分布规律作出圆满的解释，随后又得到多种渠道的实验验证。

现在看来，玻尔的原子模型还很不完备，比如“轨道”这种说法仍是经典的概念，实际上电子并没有固定的运动轨迹。另外它也只能解释氢原子（只含一个电子）的光谱，对多电子原子的光谱则会出现很大偏差。但不管怎么说，此模型提出了原子能量量子化的观点，这在当时已经属于巨大的进步，玻尔也因此获得了 1922 年的诺贝尔物理学奖。

尼尔斯·玻尔（Niels Bohr，1885—1962 年），丹麦物理学家，“哥本哈根学派”的领军人物。1907 年，玻尔以一篇论水的表面张力的论文获得了丹麦皇家科学院的金质奖章。1912 年，玻尔来到了曼彻斯特在卢瑟福身边工作，开始研究原子结构问题。1913 年，玻尔的长篇论文《论原子和分子的结构》分三期发表，他将普朗克常数和爱因斯坦的光量子理论运用到原子理论中，解释了氢原子的发射谱线，奠定了原子结构的量子理论基础。1920 年，玻尔在丹麦哥本哈根大学创立理论物理研究所，并亲自担任所长达 40 年。玻尔周围聚集了许多年轻有为的理论物理学家，如海森堡、泡利、狄拉克等，使这个研究所成为量子力学的研究中心。曾在该所工作过的科学家们日后建立了量子力学的“哥本哈根解释”（通常被称作“正统解释”）。“哥本哈根解释”形成于 1925—1927 年间，主要内容包括玻尔的对应原理和互补原理、海森堡的不确定原理、玻恩的波函数概率论解释、波函数坍缩等。

4.4 量子理论与光的本性

普朗克的能量量子化理论、爱因斯坦的光量子理论，以及玻尔的原子轨道能量量子化理论，成功地解释了当时物理学界的三大难题，而其基础都建立在量子化假设上，于是引起了当时科学家对量子理论研究的热潮，为量子力学的产生奠定了基础，同时也再一次引起人们对于光的本性的探讨。

如前所述，人们曾经为光的波动说和粒子说争论不休，但谁也没有意识到它们并非水火不容。第一个将光的波动性和粒子性结合起来考虑的人是爱因斯坦。他认为电磁辐射不仅在被发射和吸收时以能量 $h\nu$ 的微粒形式出现，而且在空间运动时也具有这种微粒形式，也就是光子。

早在 1905 年，爱因斯坦在他提出的光量子假说中，就隐含了波动性与粒子性是光的两种表现形式的思想。1909 年，爱因斯坦又撰文讨论电磁辐射问题，明确了光的波动性和粒子性是融合在一起的。1916 年，他更加明确了光量子的粒子性质，提出光量子应具有单一方向的动量，这是粒子性的重要体现。

爱因斯坦在 1916 年指出，根据狭义相对论，光子具有能量的同时也应具有单一方向的动量，原子或分子发射光子时，不仅会发生能量转移，而且应受到反冲作用而发生动量转移。要知道，只有两个粒子碰撞才能产生反冲作用，所以如果发现这个反冲作用，就能有力地证明光子是一种粒子。

爱因斯坦的理论很快就得到了实验验证。1923 年，康普顿和他的学生吴有训在 X 射线散射实验中，证明了光子与电子在相互作用中确实有动量交换。这种碰撞作用靠电磁波理论是无法解释的，从而有力地支持了爱因斯坦的光子学说。康普顿也获得了 1927 年的诺贝尔物理学奖。

可以说康普顿的实验结果不但验证了光子学说，而且也验证了相对论，毕竟光子动量公式是从相对论公式 $E=mc^2$ 推导出来的。难怪爱因斯坦当年得知康普顿的实验结果时是那样欣喜若狂，他热情地宣传和赞扬康普顿的发现，多次在会议和报刊上提到它的重要意义。比如 1924 年 4 月 20 日他专门在《柏林日报》上发表了题为《康普顿的实验》的文章，对将光的波动性与粒子性结合起来的光子学说进行了全面阐述。

密立根的光电效应实验和康普顿的 X 射线散射实验都为光的粒子性提供了令人信服的证据，而且康普顿效应比光电效应更进一步，它为光的粒子性假说提供了更完全的证据。于是爱因斯坦的融合了波动性和粒子性特征的光子学说也迅速获得了广泛的承认，而且人们为光的本性发明了一个新名词——波粒二象性。这是人类对物质世界认识的一次质的飞跃！

爱因斯坦的疑问：什么是光子？

光子理论的诞生，对物理学乃至整个自然科学，都产生了极其深远的影响。

虽然光子理论是爱因斯坦提出来的，但连他自己也搞不明白什么是光子，这可不是我在这儿信口开河，请看他在 1951 年说过的一段话：

“All these 50 years of pondering have not brought me any closer to answering the question, ‘what are light quanta?’ These days every Tom, Dick and Harry thinks he knows it，but he is mistaken.”

翻译过来就是：

“什么是光量子？ 50 年来我一直在认真思考着这个问题，可是哪怕连一步都没有接近答案。眼下像汤姆、迪克和哈利这样的人，都以为他们了解光量子，其实全都是错的！”

“汤姆、迪克和哈利”是谁？他们就是“张三、李四和王五”。爱因斯坦没有指名道姓，但却囊括了所有人。在他眼里，没有人能真正理解什么是光子，包括他自己。

爱因斯坦在 1955 年就去世了，也就是说他研究了一辈子也没有弄明白什么是光子。他是在开玩笑吗？你对光子的性质了解越多，你就越会发现爱因斯坦绝不是在开玩笑。光子的性质实在是太让人费解了。

5.1　光与电磁波：剪不断理还乱

人们早已认识到，电磁波与光就是同一事物的两种不同叫法，当然这儿的光指的是广义的光，并不是指可见光。人们把光分为很多波段（见

图 5-1），比如波长 400~700nm 的光是可见光，也就是人类肉眼能识别的电磁波；波长 0.01~10nm 的光是 X 射线，等等。

电磁波的波长 λ 和频率 v 的乘积是光速 c，即

$$v\lambda=c$$

也就是说，光的频率越高，波长就越短；频率越低，波长就越长。

电磁波的所有波段都是靠 $E=hv$ 的光子来携带能量的，只不过不同波段 v 不同，光子的能量也不同而已。光子就是分立的电磁波载体粒子。

你也许会说，光就是电磁波，这也没什么呀。

可是如果你再仔细想想，就会发现光子是个很奇怪的东西。

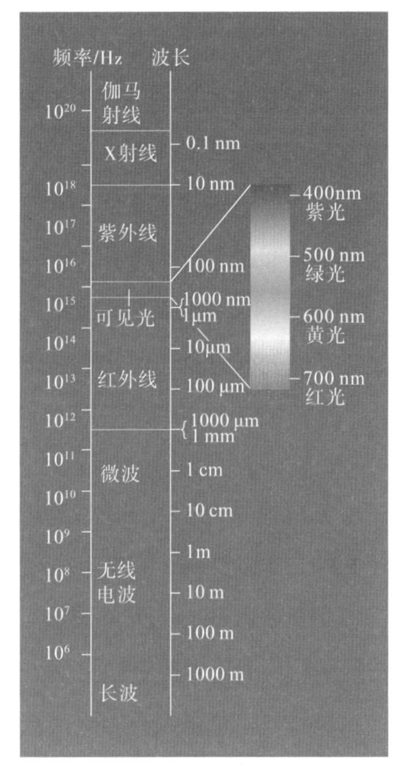

图 5-1　电磁波谱图，不同频率的电磁波对应着不同能量的光子

光子是携带电磁波能量的点粒子，但是由它组成的电磁波却能弥散在空间中。我们想象中的在空间中振荡的电磁波，其实不过是一个个光子的飞行；但电磁波却能绕过与其波长相近的障碍物前进，比如无线电波就能绕过大楼传播，那么光子是怎么从大楼中通过的？绕过去还是穿过去？

如果是绕过去，那这些粒子是如何判断前方有障碍物并从直线飞行改成绕射的？电磁波的传播速度和光子的运动速度相同，都是光速 c（约 30 万 km/s），如果光子发生绕射而电磁波还在以光速传播，那么光子在

绕射时岂不是超过了光速？如果是直线穿越，光子是如何保证不被吸收的？

在经典电磁波理论里，电磁波是由交变的旋涡磁场和旋涡电场相互激发，在空间传播而形成的。简单来说，它是靠振荡的电场和磁场来传播的，而且电磁波是横波。电磁波完全可以用振动的传播来描述其性质，但它却并非振动而是光子流！又该如何理解二者的统一性呢？

亲爱的读者朋友，看到这儿，你会不会觉得有点头晕眼花呢？是不是觉得原先很清晰的光子形象变得模糊起来了呢？

5.2 波动光学与量子光学：为什么有两种？

光既是由光子组成的粒子流，又是电磁波，于是在光学领域就出现了两种光学分支：经典的电磁波理论（波动光学）与量子光学。

目前，大部分的光学现象可以很好地用经典的麦克斯韦电磁波理论进行解释，而无须量子的观点。

物理学家们已经开始研究亚波长尺度的金属特殊结构内的光学现象。但是，无论将金属的特殊结构尺度做得多么小，使其远远小于光的波长甚至处于纳米量级，其光场的特性都可以用经典的麦克斯韦方程组正确并且完整地描述，而无须借助量子光学。在小尺度上电磁波理论也能胜任，这又是令人困惑的。

然而，还有一小部分光学现象是电磁波理论解释不了的，比如激光理论中涉及光子的发射与吸收的一些实验现象。这些实验现象就要用光子理论来解释，从而发展出一个新的光学分支——量子光学。

对于一些光学现象，人们理所当然地使用经典电磁波理论来处理，而对于另一些光学现象，人们又心安理得地用量子光学来处理。两种理论互不干涉，各用各的，可是，它们的研究对象却是同一种东西——光。

既然都是光学，为什么波动光学和量子光学无法形成一套统一的理论呢？如何系统地研究波动光学和量子光学的对应关系呢？

现状是，如果你需要把光看成波，那它就是波；你需要把光看成粒子，那它就是粒子。这难道不让人困惑吗？

5.3 光的偏振：光子也会思考吗？

波动有横波与纵波之分。纵波的振动方向与传播方向相同，而横波的振动方向与传播方向垂直，横波的这种特性也叫偏振性。图 5-2 所示为判别横波与纵波的简易装置。横波只有在其振动方向和狭缝方向一致时才能继续传播，否则就被阻碍；而对于纵波来说，狭缝的方位不影响其继续传播。

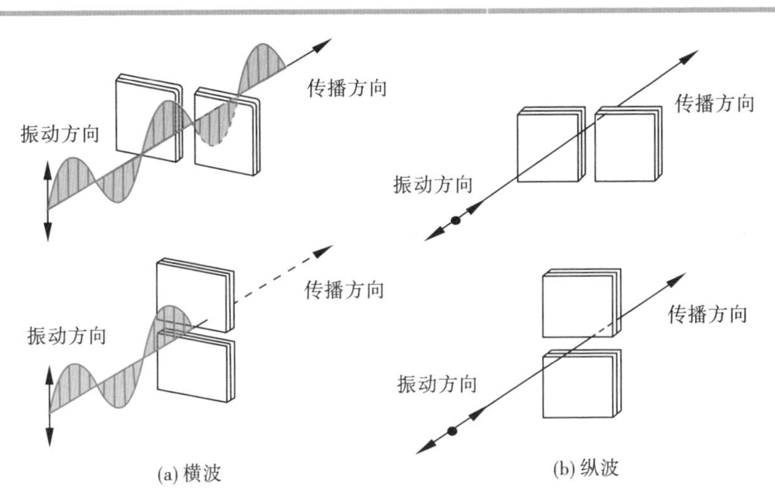

图 5-2 横波与纵波，横波只有在其振动方向和狭缝方向一致时才能继续传播，否则就被阻碍；而对于纵波来说，狭缝的方位不影响其继续传播

我们知道，光就是电磁波。电磁波是交变电场与交变磁场的相互激发与传播。在任一时刻，振动的电场强度矢量 $\boldsymbol{E}$ 和振动的磁感应强度矢量 $\boldsymbol{B}$ 都是随时间变化的，它们互相垂直，而且也都与传播方向垂直，所以电磁波是横波，图 5-3 所示。实际上，电磁波是沿各个不同方向传播的，图中只是沿某一条直线传播的示意图。

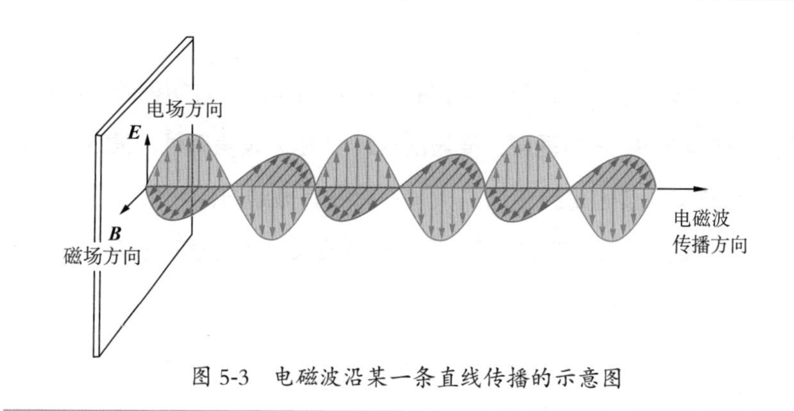

图 5-3　电磁波沿某一条直线传播的示意图

光既然是横波，就具有偏振性。在研究光的偏振现象时，只需研究电场强度矢量 $\boldsymbol{E}$ 的振动就行了，所以也可把 $\boldsymbol{E}$ 矢量的振动称为光的振动。偏振光的范围不仅限于可见光，其他频率的电磁波也有偏振。要想从发射台发射两个频率非常接近的电波时，必须把它们区分开来，一个采用水平方向偏振，另一个则采用垂直方向偏振。用户根据天线的倾斜方向，只接受一种偏振波，就可避免两种信号的混同。

普通光源发出的自然光之所以观察不到偏振性，是因为自然光中包含有各种不同的光，所以包含了所有角度的振动方向。使用偏振片可以将自然光变成偏振光。

常见的偏振片是由梳状长链形结构高分子材料作为基片，浸入碘液中使碘原子整齐地附在分子链上，再将薄膜单向拉伸 4~5 倍，从而使这些分子平行排列在同一方向上而制成的。偏振片可以将其他方向的光都挡住，只留下某一方向的光通过，大致可以想象成一系列平行的、极窄的狭缝。

现在我们让一束沿垂直方向振动的偏振光照到另一个偏振片上，如果这个偏振片的狭缝也是垂直的，则光能通过；可是如果把偏振片旋转 90°，狭缝变成水平的，则光就被挡住了，无法通过（见图 5-4 和图 5-5）。

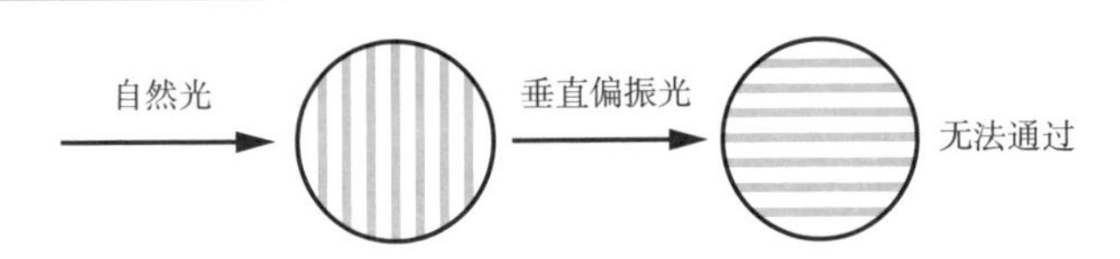

图 5-4　垂直偏振光会被水平偏振片挡住

图 5-5　两片水平和垂直的偏振片叠放在一起

现在的问题是，光既然是由一个个光子组成，那么为什么对于同样宽度的狭缝，这一束沿直线传播光子在狭缝垂直时能通过，而狭缝水平时就不能通过呢？如果把光强减弱到每次只发射一个光子，这个光子是如何知道前面的狭缝是水平还是垂直的呢？就像你往铁栅栏里扔石头，栅栏是竖着的就能扔过去，而栅栏是横着的就扔不过去，这难道不奇怪吗？

更不可思议的是，让一束沿垂直方向振动的偏振光照到另一个偏振片上，如果这个偏振片与垂直方向的夹角是 45°，那么就正好有一半光能通过，通过后的光的偏振面也旋转了 45°（见图 5-6）。

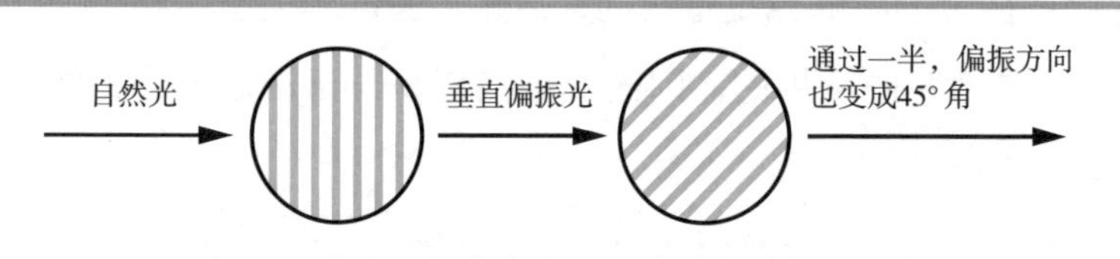

图 5-6　垂直偏振光会被 45° 角偏振片挡住一半

一束光的强度可以分为一半，但一个光子是无法分成两半的，对于来到第二个偏振片的光子，它是如何选择自己的道路的呢？是前进，还是被挡住？由什么来决定呢？如果你觉得是大量光子间相互影响，我们可以让垂直偏振光的光子一个一个发射出来，那么当一个光子遇到第二个偏振片时，完全不会受到别的光子的影响，因为它们还没有发射出来。可是当你发射到第 100 个光子时，你会惊奇地发现通过和没通过第二个偏振片的光子数基本就是 50∶50，那么对于每一个光子来说，它是如何决定自己是否应该通过的呢？

更绝的是，如果你把第二个偏振片转成其他角度，光子们会自动计算出应该通过的概率，然后不管你是一个一个发射还是一束一束发射，它们总能按相应的比例通过。它们到底怎么做到的？实在是让人百思不得其解。

5.4　光速不变：相对中的绝对

在相对论中，光也有不可思议的特性。

光在真空中永远以光速 c 运动，而与观察者的运动状态无关。这就是所谓的光速不变原理，这是建立狭义相对论的两个基本原理之一。

也就是说，无论在哪个惯性参考系中，不管这个参考系处于什么样的运动状态，测量出来的光速都是 c。假设你在运动速度为 $0.9c$ 的宇宙飞船上打开手电筒，那么你看到手电筒的光速为 c，地球上的人看到手电筒的光速也为 c，迎面飞来的宇宙飞船看到手电筒的光速仍为 c。这看起来似乎很荒谬，但这是真的。因为不同的观察者在以不同的方式衡量时间和空间，唯有光速不变。

爱因斯坦自己曾说过，他在 16 岁时就想到了一个悖论：

如果我以光速伴随周围的光线运动，那么周围的光线就会在我身边静止，我将会看到一副静止不动的画面，那么我如何判断自己到底是静止不动还是在以光速运动？

正是这样的思考促使他发现了相对论，提出了光速不变原理。这个原理使人们对时间和空间的观念发生了革命性的变化，它强调了光速的绝对性，而时间和空间却具有相对性。

光为什么在宇宙中如此特殊，具有绝对速度呢？

在相对论中，运动的时钟要变慢。当物体运动速度逐渐接近光速的时候，时钟会变得越来越慢，当达到光速时，时间就停了下来。也就是说，在以光速运动时，时间是静止的。光子是以光速传播的，这意味着对于光子来说时间是没有意义的。从太阳发射出来的光子在到达地球的过程中，用地球上的时钟来测量，它用的时间大约是 8 min，然而对于这个光子本身来说，根本没有花任何时间。

在光子的眼里，只有空间，没有时间，你能理解吗？

5.5 静止质量为零：有还是没有？

光子的静止质量为 0。所谓静止质量，就是指物质相对于某惯性系静止时的质量。而光是永远不会静止的。光在真空中永远以光速 c

（29.9792458 万 km/s）运动，在其他介质中速度会减小，但它不会静止，一旦静止就意味着被别的物质吸收。

你绝不会捕捉到一个静止的光子，为什么呢？因为爱因斯坦提出，光子的静止质量为零，它只有运动质量。

在相对论中，物体的质量是随运动速度而变化的，如果一个物体的静止质量不为 0，那么它达到光速时，运动质量就会变得无穷大，所以只有光子这种静止质量为 0 的粒子才能以光速运动，其他所有物体的最大运动速度都不会超过光速。

根据 $E=mc^2=hv$，可以得到光子的运动质量 $m=hv/c^2$，也就是说，对于不同频率的光，其光子的质量也是不同的。这真是令人难以理解，静止质量为 0，光子到底存不存在呢？运动质量不同，这个质量又是怎么产生的呢？

这个问题也许只有从 $E=mc^2$ 来寻找答案。这个狭义相对论中最有名的公式，揭示了质量和能量的转化关系。用爱因斯坦的话来说，就是：

“能量就是质量，质量就是能量。”

能量直接转变为质量产生光子，所以光子是从无到有，因而没有静止质量。但是能量又是怎么产生的？光子是一产生就以 3×10^5 km/s 的速度运动，还是有个从 0 到 3×10^5 km/s 的加速过程？

以现有理论来看，光子是不可能有从 0 到 3×10^5 km/s 的加速过程的，所以光子一产生就以光速运动，它是怎么做到的呢？

2007 年，法国物理学家已经设计出一种能够捕获光子的装置，这种光子捕获仪可以捕捉单个光子。这种装置里有一个空腔，空腔里是反光能力极强的超导镜子，能够在 0.14s 的时间里捕捉并监控一个光子。别小看这 0.14s，在这段时间内，一个自由的光子可以完成从地球到月球大约十分之一的距离。

可是即便如此，谁又敢说人类已经真正认识了什么是光子，什么是光呢？人类在光子面前，看来还得吟出屈原的那句诗："路漫漫其修远兮，吾将上下而求索。"

6 实物粒子的波粒二象性

波粒二象性是一种很奇怪的性质。光在需要被当作粒子看待时，它就是光子流，在需要被当作波看待时，它就是电磁波，这真是太不可思议了！没办法，人类的语言都是建立在直观的感官经验基础上的，对于光的这种奇怪性质，人类的语言是无法准确描述的，只好用波粒二象性这样含混的字眼来表达。

光的波粒二象性也许还不是最不可思议的，毕竟，光是一种不同于其他物质的特殊物质。光子的静止质量为 0，而在已经发现的粒子中，除了光子和胶子外，其他粒子都是有静止质量的。这些有静止质量的粒子都是实实在在的，所以科学家们称之为实物粒子。虚无缥缈的光子与实实在在的物质有所不同，也算是正常现象吧。于是人们都安心地接受了光的波粒二象性，然后继续用经典物理学研究实物粒子。

可是有一个人却发出了疑问，既然一度被视为波的光被发现具有粒子性，那为什么一直被认为是粒子的实物粒子不能具有波动性呢?

6.1 德布罗意的惊人假设

发出疑问的这个人叫德布罗意，法国人。他原来是学历史的，他的哥哥是研究 X 射线的专家，在哥哥的影响下，德布罗意对物理前沿进展很感兴趣，于是就改行攻读物理博士学位。也许正因如此，他对经典物理学的条条框框并不感冒。1924 年，德布罗意在博士论文中提出了一个令人瞠目结舌的观点：实物粒子和光一样，也具有波粒二象性！

对于这个观点的提出，德布罗意自己回忆道：

“1923年，我独自苦苦思索了很久，突然有了一个想法，爱因斯坦1905年的发现应当得到推广，运用到所有的物质粒子，特别是电子上。”

德布罗意提出了实物粒子的动能和动量公式，仍然沿用了爱因斯坦的光子公式：

$$动能\ E=h\nu$$

$$动量\ p=h/\lambda$$

式中，λ 为粒子的德布罗意波的波长，ν 为德布罗意波的频率，h 是普朗克常数。

实物粒子在运动时，伴随着波长为 λ 的德布罗意波（也叫物质波）。德布罗意推导出的关系式虽然形式上和爱因斯坦的光子关系式一样，但却是一个全新的假设。德布罗意波与光波不同，光速 c 既是光波的传播速度，又是光子的运动速度；而实物粒子的运动速度并不等于德布罗意波的传播速度。

这个观点太大胆了，因为从来没有人观察到电子、原子、分子等实物粒子居然也有波动性。德布罗意的导师郎之万实在无法评价其论文的价值，不知是否应该接受他的论文，最后干脆寄了一份给爱因斯坦，让他来做做评价。

爱因斯坦的非凡的科学洞察力让他立刻意识到德布罗意波的思想具有的重大意义。他在回信中对论文大加赞赏，于是郎之万接受了德布罗意的论文并允许他参加答辩。

在博士论文答辩时，有评委提问用什么实验可以验证这一新观念，德布罗意答道：“通过电子在晶体上的衍射实验，应当有可能观察到这种假定的波动效应。”但是当时并没有人做过这样的实验，所以答辩委员会也无法评判论文的价值，好在大家知道爱因斯坦对论文的评价很高，所以德布罗意顺利拿到了博士学位。

德布罗意答辩结束三周后，爱因斯坦写信向洛伦兹介绍了德布罗意的博士论文。他在信中写道："我相信这是揭开物理学最困难谜题的第一道微弱的希望之光。"

然后爱因斯坦很快就在自己撰写的一篇有关量子统计的论文中专门介绍了德布罗意的工作。他写道："一个物质粒子或物质粒子系可以怎样用一个波场相对应，德布罗意先生已在一篇很值得注意的论文中指出了。"

路易·维克多·德布罗意（Louis Victor de Broglie，1892—1987年），法国物理学家。他出生于塞纳河畔一个显赫的贵族家庭，从小就酷爱读书。中学时代显示出文学才华，从18岁开始在巴黎索邦大学学习历史，并于1910年获得历史学位。1911年，他听到作为第一届索尔维会议秘书的哥哥谈到物理学家们在会议上关于光、辐射、量子性质等问题的讨论后，产生了强烈的兴趣，于是转而研究理论物理学，并于1913年获理学学士学位。第一次世界大战期间，德布罗意在埃菲尔铁塔上的军用无线电报站服役，1919年退役后，在巴黎索邦大学跟随朗之万攻读物理学博士学位。1924年，他完成了博士论文《量子理论研究》，提出了实物粒子也具有波粒二象性的观点，开启了量子力学的新纪元。1926年，德布罗意还试着发展一种不同于概率解释的导波理论，用因果关系来解释波动力学。20世纪50年代，美国物理学家大卫·玻姆(David Bohm)对这一理论又加以发展，成为现在的德布罗意–玻姆理论，当然这个理论目前处于量子理论的主流之外。

6.2 实物粒子波动性的观察

在爱因斯坦的大力支持下，德布罗意关于实物粒子也具有波粒二象性的观点立即引起了物理学界的关注。

按照德布罗意波的公式计算，实物粒子的波长是非常小的。例如电子在 1000V 的加速电压下，波长仅为 39pm，波长的数量级和 X 射线相近，所以用普通光栅很难检验其波动性。不过晶体倒是一种天然的光栅，由于晶体中同一方向的晶面平行等距排列，且晶面间距与电子波长相近，所以可以用晶体来检验电子的波动性。

1927 年，戴维逊和革末用电子束单晶衍射法，G. P. 汤姆逊用多晶金属箔薄膜透射法发现了电子衍射现象（见图 6-1），证实了德布罗意波的存在，而且用德布罗意关系式计算的波长与实验测量结果一致。戴维逊和 G. P. 汤姆逊共同获得了 1937 年的诺贝尔物理学奖。

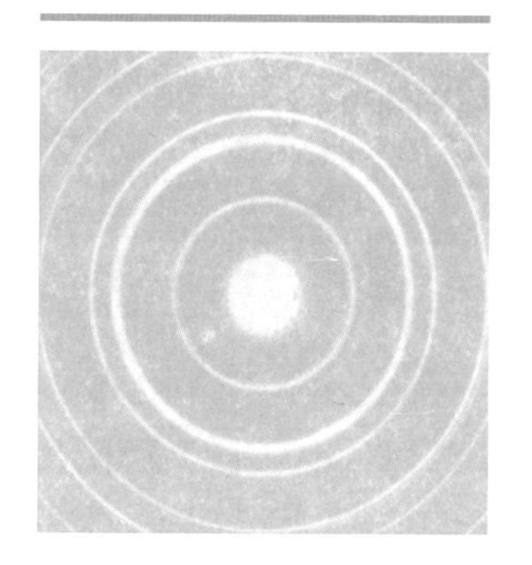

图 6-1 G.P. 汤姆逊的电子衍射图像（样品为金箔）

顺便提一句，G. P. 汤姆逊是电子发现者 J.J. 汤姆逊的儿子。1897 年，J.J. 汤姆逊测定了电子的荷质比，从而确定了电子是一种基本粒子，并因此获 1906 年的诺贝尔物理学奖。父子均获诺贝尔奖，而且父亲因发现电子是一种粒子而获奖，儿子却因发现电子是一种波而获奖，这在科学史上真是一段传奇佳话。

此后，人们相继采用中子、质子、氢原子和氦原子等粒子流，也同样观察到衍射现象，充分证实了所有实物粒子都具有波粒二象性，而不仅限于电子。

6.3 实物粒子的双缝干涉实验

杨氏双缝干涉实验是证明粒子具有波动性的最直观的实验。但是对于实物粒子来说，由于波长很短，所以需要很窄的狭缝，要将狭缝做得非常精细是很困难的。

直到 1961 年，才由德国的约恩逊成功完成了这个实验。他在铜箔上刻出长 50μm，宽 0.3μm，间距 1μm 的狭缝，采用 50kV 的加速电压，使电子束分别通过单缝、双缝（见图 6-2）、三缝、四缝和五缝，得到了单缝衍射和多缝干涉图样。从图 6-3 中可以看出，单缝衍射图样具有较宽的中央亮条纹和两侧相对较弱较窄的亮条纹，而多缝干涉图样则都是明暗相间的条纹。

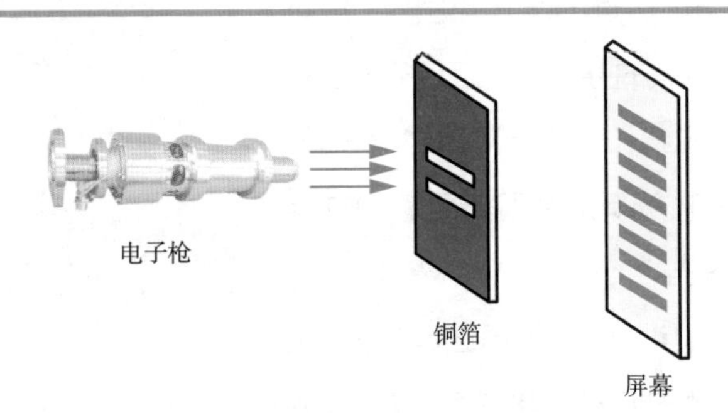

图 6-2　电子双缝干涉实验示意图

继电子的双缝干涉实验后，不断有其他实物粒子的双缝干涉实验成功进行。

1988 年，奥地利科学家进行了中子的杨氏双缝干涉实验，结果十分清楚地显示出“中子波”的干涉图样。

1991 年，德国科学家把一束氦原子流射向刻在金箔上的两条 1μm 宽的狭缝，在狭缝后观测到了原子的干涉现象。

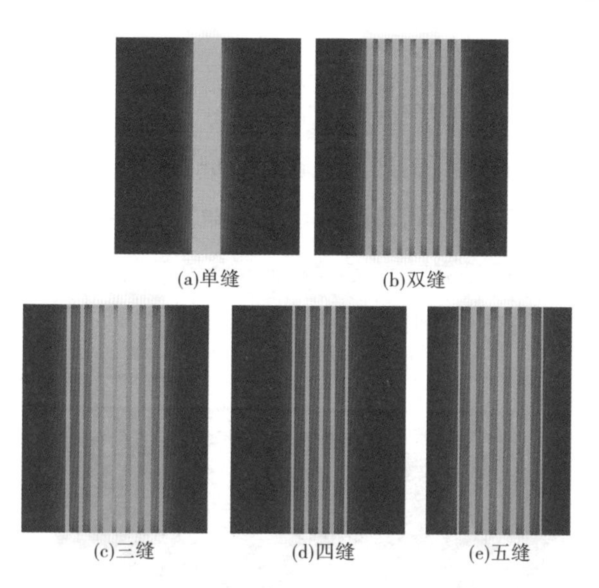

图 6-3 约恩逊的电子单缝衍射和多缝干涉实验图像

1994 年观测到了碘分子 I_2 的双缝干涉现象，1995 年观测到了钠的双原子分子（Na_2 分子）的双缝干涉现象。1999 年，用更复杂的分子富勒烯 C_{60} 和 C_{70} 也做出了这个实验，C_{60} 和 C_{70} 是由 60 个或 70 个碳原子组成的类似于足球的分子。

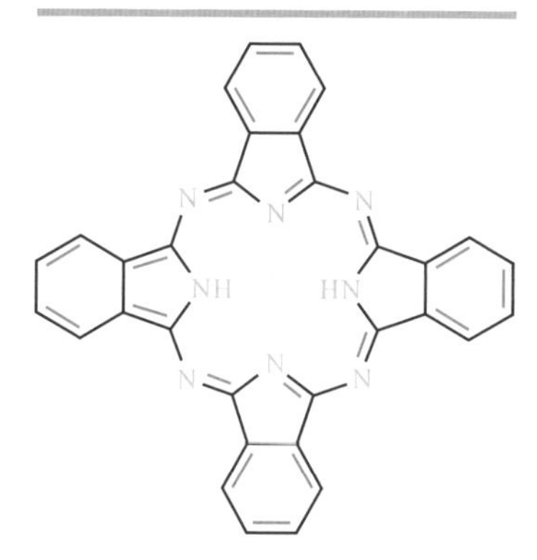

图 6-4 酞菁染料分子 PcH_2 结构示意图

2012 年，一个由奥地利维也纳大学、以色列特拉维夫大学等机构研究人员组成的国际小组，成功地观察到了超大分子的干涉现象。实验中使用了两种分子，一种是酞菁染料分子 PcH_2，分子式 $C_{32}H_{18}N_8$，相对分子质量 514，原子数 58，分子结构见图 6-4；另一种是酞

菁染料衍生物分子 $F_{24}PcH_2$，分子式 $C_{48}H_{26}F_{24}N_8O_8$，相对分子质量 1298，原子数 114。

光栅用 10nm 厚的氮化硅薄膜制成。PcH_2 使用的光栅缝隙宽 50nm，间距 50nm；$F_{24}PcH_2$ 使用的光栅缝隙宽 75nm，间距 25nm。实验中所用的广域荧光显微镜空间分辨率达到 10nm，能显示出每个分子的位置和确定的整体相干图案。结果显示，这两种分子都具有清晰的干涉图样，图 6-5 所示为 PcH_2 分子的干涉图像。

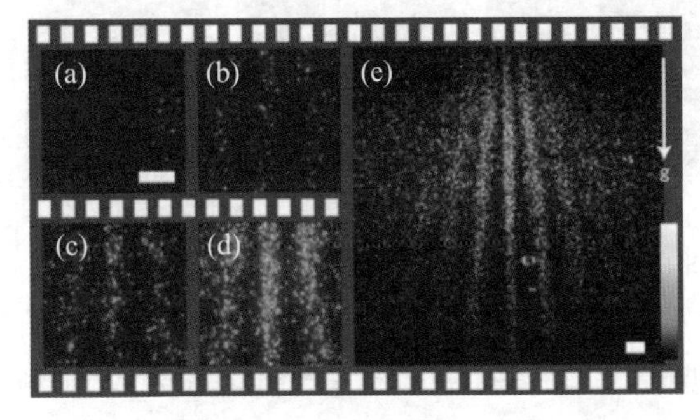

(a) 0 min; (b) 2 min; (c) 20 min; (d) 40 min; (e) 90 min

图 6-5　PcH_2 酞菁染料分子的干涉图像

光子、电子、中子、原子、分子、大分子、超大分子，显然，上述实验意味着所有物质都具有波粒二象性。波粒二象性是物质的内禀属性，适用于所有物质！这真是太不可思议了！难道网球、篮球、人、汽车……都有波粒二象性？是的，都有，只是我们宏观物质的波长实在太小了，小到我们永远也不会观察到自身的波动性。看看下面的例子，简单算一算就知道。

例 1：电子，质量 9.11×10^{-28}g，运动速度 10^6 m/s。

波长 7×10^{-10}m。

例 2：沙子，质量 0.01g，运动速度 1 m/s。

波长 7×10^{-29} m。

例 3：石子，质量 100g，运动速度 10 m/s。

波长 7×10^{-34} m。

总之，质量越大，运动速度越大，那么波长就越短，越难观察到波动性。也幸而如此，我们走路才能稳稳当当地前进，而不是像醉汉一样摇摇晃晃找不着北。也许有人要刨根问底，地球、太阳有波粒二象性吗？应该有吧。宇宙呢？呃，我也不知道了……总之，即使所有物体都有波粒二象性，但超过一定限度，其波动性就由于波长过短而无法显示出来了，于是，就有了我们熟悉的经典世界。

正如狄拉克在 1930 年出版的经典教科书《量子力学原理》中所言：

“经典传统已经把世界看作是按照力的确定性法则运动的一些可观察物的一个联合体，因此一个人能够在时间和空间上形成整个体系的思维图景。这导致了一种物理学，其目标是对机械论以及与这些可观察物有关的力做出假设，用最简单的可能方式解释它们的行为。可是自然界是以一种完全不同的方式在运作，最近几年来这一点已变得很明显。它的基本法则并不是以我们的思维图景中的任何一种直接的方式统治着这个世界，而是控制着这样一种基础，在其中我们若不引入细节问题就不能形成思维图景。”

6.4 德布罗意波的应用

还有人问了，实物粒子虽然有波粒二象性，但它们的波长那么短，能有什么作用呢？你可千万别小瞧它，波长越短越有用，比如使用德布罗意波的透射电子显微镜（transmission electron microscope, TEM，见图 6-6）放大倍数可达到上百万倍，为我们打开了微观世界的大门。

电子显微镜与光学显微镜的成像原理基本一样，所不同的是电子显微镜用电子束作“光源”，用电磁场作透镜。现代电子显微镜中使用的都是磁透镜，这些透镜具有与光学透镜相类似的功能，可以使电子束产生折射，从而具有放大功能。

对于磁透镜来说，其焦距就完全取决于磁场的强弱。磁场强，则焦距短，放大率大；磁场弱，则焦距长，放大率小。因此，TEM 可以随心所欲地观察到各种倍率下的图像。对比而言，光学显微镜中的各级透镜其焦距是完全固定的，如果想改变光学显微镜的放大倍率，只能更换透镜。

显微镜的分辨率正比于照射光的波长，可见光的波长范围为 400~700nm，所以光学显微镜的分辨率极限约 200nm，再小的东西就看不到了。而电子显微镜的“光源”是电子束，高速电子的波长比可见光的波长短得多，可以小到可见光波长的百万分之一。大型透射电镜一般采用 80~300kV 的电压加速电子束，其分辨率可达 0.1~0.2nm。图 6-7 所示为用 TEM 观测晶体硅（110）晶面得到的 Si 原子排布图像。

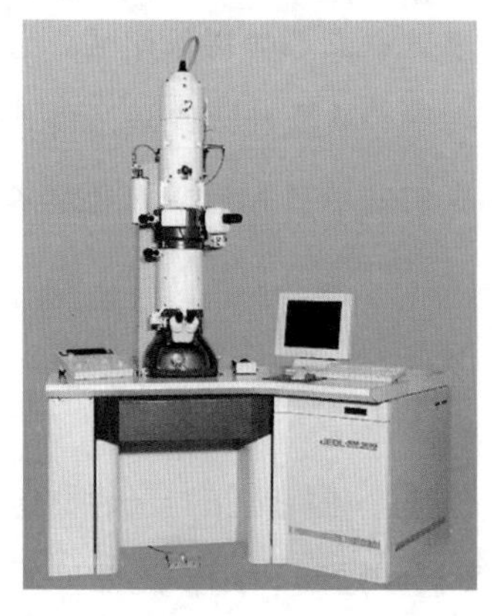

图 6-6 透射电子显微镜（TEM）

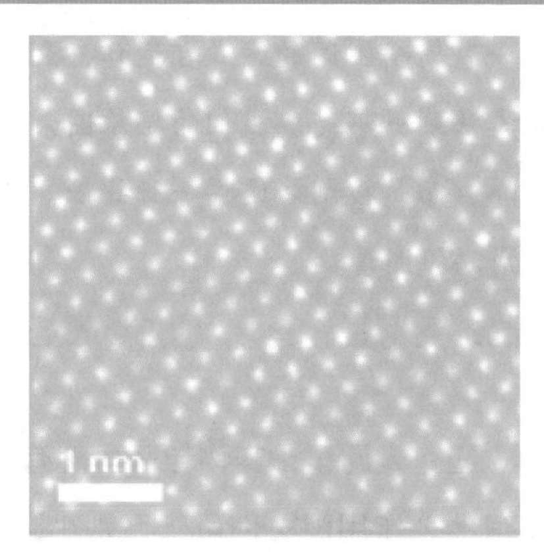

图 6-7 晶体硅（110）晶面的 Si 原子排布 TEM 图像

7 量子力学的建立

1925 年，苏黎世大学物理系主任德拜听说了德布罗意关于实物粒子波粒二象性的工作，他知道本系教授薛定谔当时在研究量子理论，就请他为大家做一次报告。薛定谔仔细研读了德布罗意的论文，在 11 月 23 日的物理研讨会上做了一个清晰又漂亮的报告。但是在听了薛定谔的报告之后，德拜却不屑地评论道:“讨论波动而没有一个波动方程，太幼稚了。”

7.1 薛定谔的波动力学

言者无心，听者有意。薛定谔对德布罗意的工作很感兴趣，在德拜这句话的启示下，薛定谔开始下功夫研究这个问题。凭借深厚的微分数学功底，几个星期后，他就建立了实物粒子的波动方程。

薛定谔在 1926 年 1 月底发表了第一篇有关波动力学的论文。在这篇论文中，他不但给出了波动方程的推导，还将这一理论应用于氢原子。而这第一次应用就引起了物理学界的重视，因为量子化在此成了自然而然的结果，而不是人为的硬性规定。其后的几个月里，薛定谔又连续发表了三篇论文，完善了波动力学体系。

薛定谔的论文发表后，欧洲物理学界为之一震。1926 年 4 月，普朗克给薛定谔写信说:“我像个好奇的儿童听人讲解他久久苦思的谜语那样聚精会神地拜读您的论文，并为我眼前展现的美丽而感到高兴。”爱因斯坦也认为“薛定谔论文的构思证实着真正的独创性”。

波动力学的核心就是今天众所周知的薛定谔方程。氢原子是能够精确求解其薛定谔方程的原子，正是从氢原子身上，薛定谔揭开了原子中电子结构的奥秘。通过求解氢原子的薛定谔方程，自然而然地就得到了原子能量量子化的结论。求解结果精确地给定了氢原子中电子的不同能级，根据电子在不同能级间跃迁计算所得的光谱频率与原子光谱实验测定值十分吻合，从而证明了薛定谔方程的正确性。而且求解薛定谔方程得到的氢原子波函数可以解释许多化学问题。现在，薛定谔方程已经成为研究原子结构必不可少的工具。

波动力学建立在几个量子力学假设之上，其核心就是薛定谔方程：

$$\hat{\mathrm{H}}\psi=\frac{\mathrm{i}h}{2\pi}\frac{\partial\psi}{\partial t}$$

如果不考虑时间的影响，则称为定态，于是上式可变为定态薛定谔方程：

$$\hat{\mathrm{H}}\psi=E\psi$$

式中，$\hat{\mathrm{H}}$称为哈密顿算符，是一个与体系能量有关的算符，不同体系的算符不同；E 为体系能量，ψ 是波函数。

波函数也是薛定谔提出的一个假设，即微观体系的任一状态都可用坐标波函数 $\psi(x,y,z,t)$ 来描述。不含时间的波函数 $\psi(x,y,z)$ 称为定态波函数。

这个方程看起来简单，实际上是一个微分方程，哈密顿算符$\hat{\mathrm{H}}$绝大多数情况下是比较复杂的。对于一个具体的量子体系，只要写出哈密顿算符，就能从薛定谔方程解出波函数 ψ 和能量 E，也可以进一步求解其他物理量，这样就能了解这个体系的物理状态了。

埃尔温·薛定谔（Erwin Schrödinger，1887—1961年），奥地利理论物理学家，量子力学的奠基人之一。1906年，薛定谔进入维也纳大学（欧洲最古老的学府之一，成立于1365年）学习物理与数学，1910年取得物理学博士学位，此后在维也纳物理研究所工作。1913年，他与R.W.F.科尔劳施合写了关于大气中钋含量测定的实验物理论文，为此获得了奥地利帝国科学院的海廷格奖金。第一次世界大战期间，薛定谔服役于一个偏僻的炮兵要塞，利用闲暇研究理论物理学。1921年，薛定谔受聘于瑞士苏黎世大学任数学物理教授。1926年1月到6月，他一连发表了四篇论文，题目都是《量子化就是本征值问题》，系统地建立了量子力学的波动力学理论。他在1944年出版的名著《生命是什么》，对分子生物学的建立产生过重大影响。

7.2 概率构成的物质波

说起来也许有点好笑，虽然波动力学成功解释了氢原子结构，但薛定谔居然无法解释波函数的物理意义。好在德国同行很快就为他解了围，玻恩给出了一个可以让人理解的诠释，他认为，物质波并不像经典波一样代表实在的波动，只不过是指粒子在空间的出现符合统计规律：

“我们不能肯定粒子在某一时刻一定在什么地方，我们只能给出这个粒子在某时某处出现的概率，因此物质波是概率波，物质波在某一地方的强度与在该处找到粒子的概率成正比。”

说得再详细一点：波函数 $\psi(x,y,z,t)$ 是一种概率振幅，波函数的模的平方 $|\psi|^2$ 代表时刻 t 在空间（x,y,z）点发现粒子的概率密度。其

中，如果波函数 ψ 是复数，则模的平方就是 ψ 与它的共轭函数 ψ^* 的乘积，即 $|\psi|^2=\psi\psi^*$；如果波函数 ψ 是实数，则模的平方就是 ψ 本身的平方，$|\psi|^2=\psi^2$。

概率密度和概率不同，它是单位体积内粒子出现的概率。要想知道粒子出现的概率，需要乘以体积，$|\psi|^2\mathrm{d}\tau$ 是时刻 t 在空间（x,y,z）点附近微体积元 $\mathrm{d}\tau$ 内发现粒子的概率。把 $|\psi|^2\mathrm{d}\tau$ 在某一范围内积分，就能算出此范围内粒子出现的概率。

这样，概率作为一种基本法则进入了物理学，德布罗意的物质波被认为是一种概率波，波函数只允许计算在某个位置找到某个粒子的概率。观察测量只能预测某一结果的概率，却不能预测一定会得到什么结果。

波函数、概率密度的概念不仅在物理学中意义重大，而且对于推动化学由纯经验学科向理论学科的发展也起了极为重要的作用。现代化学中广泛使用的原子轨道、分子轨道，就是描述原子、分子中电子运动的单电子波函数，而“电子云”就是相应的概率密度。

玻恩的解释很成功，受到了普遍的承认，他也因此获得了 1954 年的诺贝尔物理学奖。爱因斯坦在此也间接地起了点作用，玻恩在回忆他是怎样想出这一诠释时写道：

“爱因斯坦的观点又一次引导了我。他曾经把光波振幅的模的平方解释为光子出现的概率密度，从而使光的波粒二象性成为可以理解的。这个观念马上可以推广到波函数上：波函数的模的平方必须是电子（或其他粒子）出现的概率密度。”

爱因斯坦真是无处不在啊！

马克斯·玻恩（Max Born，1882—1970 年），德国犹太裔理论物理学家，量子力学奠基人之一。1901 年起，玻恩先后在布雷斯劳、海德堡、苏黎世和哥廷根等各所大学学习，先是法律和伦理学，后是数学、物理和天文学，并于 1907 年获得博士学位。1921 年，玻恩被聘为哥廷根大学物理实验室主任和教授。1925 年至 1926 年，玻恩与海森堡、泡利和约尔丹一起发展了矩阵力学的大部分理论。1926 年玻恩又对波动力学的波函数作出概率诠释，后来成为著名的“哥本哈根解释”。玻恩早期的兴趣集中在晶体点阵上，1925 年他写了一本关于晶体理论的书，开创了一门新学科——晶格动力学。1954 年他和我国著名物理学家黄昆合著的《晶格动力学理论》一书，被国际学术界誉为该理论的经典权威著作。

7.3　玻尔的对应原理

实际上，量子力学理论中最早出现的是玻尔的量子论，然后是矩阵力学，最后才是波动力学，虽然它只比矩阵力学晚几个月而已。玻尔的量子论最早出现，但很不完善，所以现在称为旧量子论。矩阵力学和波动力学则是在旧量子论的启发下出现的新量子理论。

1913 年，玻尔提出了关于氢原子模型的轨道能级量子化、电子角动量量子化以及能级跃迁假设，成功地建立了氢原子结构理论，解释了氢原子的发射谱线，奠定了原子结构的量子理论基础。

玻尔在氢原子理论的建立过程中，提出了著名的对应原理。对应原理是关于量子物理与经典物理之间对应关系的原则，其核心思想如下：

有关量子的各种规则虽然适用于微观尺度，但是从这些规则中得出的任何结论都不得违背宏观尺度上的观察结果，而宏观尺度则是遵循经典物理学规则的，即把微观范围内的量子规律拓展到宏观范围内的经典规律时，它们得到的结果应当一致。具体来说，在大量子数的极限情况下，或者说在普朗克常数可以近似为 0 的情况下，量子体系的行为将渐近地趋于经典力学体系，量子物理的定律和方程可以转化为经典物理学的定律和方程。

经典理论和非经典理论的对应关系是一种普遍原理，它揭示了不同范围内不同理论之间的过渡关系。根据这一原理，量子力学拓展到宏观尺度上应该近似成经典物理学，就如相对论在低速度、小尺度范围内可以近似成经典物理学一样。

正是玻尔的这一原理在经典力学与早期的量子力学中架设了一座沟通的桥梁，它的影响是如此深刻，以至于有人把 1923 年之前的量子力学称为“对应原理的量子力学”，而海森堡也是基于这一原理最终建立了矩阵力学。

7.4 海森堡的矩阵力学

在玻尔的旧量子论中，原子能级量子化是人为设定的假设，这样量子化就显得很突兀，而且电子的圆形或椭圆形轨道也存在很多问题。物理学家们一直在寻找避免出现这样特定假设的新量子理论。

1925 年 7 月，海森堡提出了矩阵力学的主要思想。他的理论建立在两个方法论基础之上：玻尔的“对应原理”和“可观察性原则”。

可观察性原则要求，在理论上应该抛弃那些原则上不可观测的量，而直接采用可以观测的量来建立理论。对于原子结构这个微观系统，海森堡对玻尔的旧量子论提出了怀疑，他指出：

“电子在原子中的轨道是观察不到的……电子的周期性轨道可能根本就不存在，直接观测到的不过是分立的定态能量和谱线强度，也许还有相应的振幅与相位，但绝不是电子的轨道。唯一的出路是建立新型的力学，其中分立的定态概念是基本的，而电子轨道概念看来是应当抛弃的。”

随后的几个月中，海森堡和玻恩、约丹等人运用数学手段给予矩阵力学以严格的表述，奠定了矩阵力学的基础。

与此同时，英国物理学家狄拉克也在研究海森堡的思想。他首先想到，应当把海森堡的表述改造为适合于狭义相对论的形式，很快他又发现矩阵力学中的对易关系与经典力学中的泊松括号（泊松求解哈密顿正则方程时所用的一种数学符号）相当，于是狄拉克在1925年11月完成的《量子力学基本方程》一文中，利用泊松括号和对应原理，简明地实现了经典力学方程向量子力学方程的转换。至此，矩阵力学便完全建立起来了。1926年，泡利用矩阵力学解释了氢原子光谱。

沃纳·海森堡（Werner Heisenberg，1901—1976年），德国物理学家，量子力学的主要创始人，“哥本哈根学派”的代表人物之一。海森堡很有数学天分，12岁就开始学习微积分。1920年，他进入慕尼黑大学师从阿诺德·索末菲研究原子物理，并与泡利成为同学。1923年，海森堡写出题为《关于流体流动的稳定和湍流》的博士论文，虽然答辩差点不及格，不过最后还是取得了博士学位。毕业后海森堡被玻恩私人出资聘请为哥廷根大学助教。1924年9月到1925年5月，他到玻尔的研究所，与玻尔合作研究量子理论。1925年7月，海森堡提出了矩阵力学

的主要思想，并在玻恩的帮助下运用矩阵方法建立了一套严密的数学理论；11 月，海森堡与玻恩和数学家约丹合作，发表论文《关于运动学和力学关系的量子论的重新解释》，创立了矩阵力学。1927 年，他提出了在量子力学里具有重大意义的不确定原理，1942 年又提出了 S 矩阵理论。海森堡的《量子论的物理学基础》是量子力学领域的一部经典著作。

7.5 量子力学正式建立

这样，1926 年就出现了量子力学的两种数学表现形式——矩阵力学与波动力学。虽然这两个理论对实验的预测是相同的，但它们本身却看起来完全不同。它们从完全不同的物理假设出发，使用完全不同的数学方法，而且彼此似乎毫无关系，到底哪一个才是对的呢？

薛定谔和海森堡开始都是对对方的理论持排斥态度的。薛定谔在他的一篇波动力学论文中声明：

“我绝对跟海森堡没有任何继承关系。我自然知道他的理论，但那超常得令我难以接受的数学，以及直观性的缺乏，都使我望而却步，或者说将它排斥。”

海森堡则在向泡利报告时，说他发现薛定谔理论是“令人厌恶的”。可见两人都希望自己的理论能独占鳌头。

但是两种看起来完全不同的理论都能解释相同的实验现象，这实在是令人费解。好在经过短暂的交锋后，1926 年，薛定谔证明出这两种理论在数学上是等价的，任何波动力学方程都可变换为一个相应的矩阵力学方程，反之亦然。这一发现终于化干戈为玉帛，此后，两大理论便统称为量子力学。

波动力学与矩阵力学都是以微观粒子的波粒二象性为基础，通过与经典物理对比，运用不同的数学手段建立起来的。

1926 年，玻恩和维纳将算符引入量子力学。尔后，狄拉克运用数学变换理论，把波动力学和矩阵力学统一起来，使其成为一个概念完整、逻辑自洽的理论体系。

1928 年，狄拉克又把相对论引进量子力学，修正了量子力学的一系列方程式，建立了电子的相对论形式的运动方程，也就是著名的狄拉克方程，这个方程后来发展成为相对论量子力学的基础（对于运动速度接近光速的粒子，应当使用相对论量子力学）。量子论与相对论经过狄拉克的这一结合，自然地推出了电子的自旋，并且论证了电子磁矩的存在。

不久人们就发现，优美的狄拉克方程蕴涵了种种惊奇、各种微妙以及许许多多狄拉克在推导这方程时未曾想到的问题，这个方程已经成为现代物理学的基石之一，标志着量子理论的一个新纪元的到来。

1930 年，狄拉克出版了著作《量子力学原理》，这是物理史上重要的里程碑，被誉为现代物理学的《圣经》，至今仍是量子力学的经典教材。

1932 年，海森堡获诺贝尔物理学奖；1933 年，薛定谔与狄拉克共享诺贝尔物理学奖。

保罗·狄拉克（Paul Dirac，1902—1984 年），英国理论物理学家，量子力学的创始人之一。狄拉克从小表现出数学天赋，中学时就学习了微积分、非欧几何等内容，16 岁考入大学，三年后取得工科学士学位，然后又用两年时间获得了数学学士学位。1923 年狄拉克进入剑桥大学，进行量子力学的数学和理论研究，1925 年开始研究矩阵力学，1926 年发表题为《量子力学》的论文，获物理学博士学位，然后到

哥本哈根理论物理研究所，在著名物理学家玻尔门下进行了半年的博士后研究工作。1926 年他与费米各自独立地发现了与带半整数自旋全同粒子系统的波函数对称性质相联系的量子统计法则，即费米 - 狄拉克统计。1928 年，他把狭义相对论引进薛定谔方程，创立了相对论性质的波动方程——狄拉克方程，把相对论和量子论统一起来，并在此基础上于 1930 年提出了关于真空的“空穴理论”，预言了第一种反物质——正电子的存在。1930 年，狄拉克出版了量子力学的经典教材《量子力学原理》。1931 年，他又预言了磁单极子的存在。另外，他在量子场论尤其是量子电动力学方面也做出了奠基性的工作。泡利曾说过：“狄拉克就是上帝的预言家。”

7.6 概率论与决定论的争论：上帝掷骰子吗？

波动力学和矩阵力学虽然等价，但由于矩阵力学高度抽象，数学处理更为复杂，缺乏直观性，而波动力学则建立在理论物理常用的数学方法之上，物理图像也比较容易理解，所以大多数人还是习惯于使用波动力学，尽管薛定谔方程求解起来实际上也是很复杂的。

玻恩的概率波把物质的波粒二象性统一在一起，这样，微观粒子的运动状态不再遵从“决定论”或严格的“因果律”，而是服从一种不确定的统计性规律。概率波的建立使人们对原子微观结构的认识又一次产生了飞跃，并经受了无数次实验的考验。

然而，并非所有人都满意于这个解释。让我们看看爱因斯坦的观点。

爱因斯坦在 1926 年 12 月 4 日给玻恩的信中写道：

“量子力学固然是堂皇的，可是有一种内在的声音告诉我，它还不是那真实的东西。这理论说得很多，但是一点也没有真正使我更接近这个‘恶魔’的秘密。无论如何，我深信上帝不是在掷骰子。”

1927 年 10 月，第五次索尔维会议在比利时布鲁塞尔召开，这可能是历史上汇聚世界上最著名物理学家最多的会议了。此次会议的主题为“电子和光子”，这些科学巨人们汇聚一堂，开始讨论、争论刚刚建立的量子力学。

就是在这次会议上，反对概率论的爱因斯坦当众抛出了那句名言：

“God does not play dice.”（上帝是不会掷骰子的。）

而概率论的坚定拥护者玻尔的回答是：

“Einstein, stop telling God what to do.”（爱因斯坦，别去告诉上帝应该怎么做。）

爱因斯坦和玻尔的论战是双方阵营领军人之间的对决，我们将在第15章中详述。终其一生，爱因斯坦也不相信上帝在掷骰子。海森堡在《量子论历史中概念的发展》中写道：

“1954年，爱因斯坦去世前几个月，他同我讨论了一下这个问题。那是我同爱因斯坦度过的一个愉快的下午，但一谈到量子力学的诠释时，仍然是他不能说服我，我也不能说服他。他总是说：是的，我承认，凡是能用量子力学计算出结果的实验，都是如你所说的那样出现的，然而这样的方案不可能是自然界的最终描述。”

除了爱因斯坦，狄拉克也对决定论抱着希望。狄拉克于1975年8月15日在澳大利亚悉尼南威尔大学的演讲《量子力学的发展》中说：

“以爱因斯坦为首的一些物理学家认为：从根本上说，物理学应当是决定论的，而不应当只给出概率，然而玻尔接受了概率的解释，并且他们能够使这种概率解释同他的哲学一致起来，这就引起了玻尔学派和爱因斯坦学派之间的一场大争论，这场争论一直贯穿爱因斯坦的一生。他们两人都是非常杰出的物理学家，问题是：他们之中谁是正确的？根据公认的标准原子理论概念，似乎玻尔是正确的。……不过爱因斯坦仍然是有道理的。他相信，正如他所说‘上帝是不会掷骰子的’，他认为物理学从根本上应当具有决定论的特征。我认为也许结果最终会证明爱因斯坦是正确的，因为不应认为量子力学的现在形式是最后的形式。关于现在的量子力学，存在一些很大的困难……我认为很可能在将来的某个时间，我们会得到一个改进了的量子力学，使其回到决定论，从而证明爱因斯坦的观点是正确的。

假如我们不把量子理论推广得太远，即不把它用于能量非常高的粒子，也不把它用于非常小的距离，那么现在的量子理论是很好的。当我们试图把它推广到高能粒子和很小距离时，我们得到的方程就没有合理的解，相互作用总是导致无穷大的出现，这个问题使物理学家困惑了 40 年，没有取得任何实质性的进展。

正是由于这些困难，我认为量子力学的基础还没正确地建立起来。在当前这个基础上所进行的研究，在应用方面已做了极其大量的工作，在这方面，人们能够找出抛弃无穷大的一些规则，然而即使根据这些规则得出的结果与观测相符合，但毕竟是人为的规则。因此关于现在的量子力学基础是正确的说法，我是不能接受的。”

持决定论的物理学家们认为，目前量子理论之所以是一个概率统计理论，是因为还存在着尚未发现的隐藏变量（简称为“隐变量”），如果能找出这些隐变量加入到量子力学的方程里，就可以对微观粒子的运动状态做出“精确”的描述，而不只是“概率”性的描述。从上文我们看到，爱因斯坦就持这种观点，他认为量子论还存在一个深层次的非概率层面有待挖掘，所以他说出了那句名言“上帝是不会掷骰子的”。

作为量子理论发展史上的一个分支，我们将在第 12 章介绍隐变量理论，但是隐变量理论至少在目前看来是不正确的，因为现在人们已经从实验上证明了量子力学所能产生的结论只能是概率性的，并不存在某些能够减少这种不确定性而尚未被人们发现的量。量子论从本质上说是概率性的。

单个粒子的波粒二象性

现在我们对波粒二象性的普遍性已经有所了解，如果还想深入了解波粒二象性的特点，那么研究杨氏双缝干涉实验是再好不过了。杨氏双缝干涉实验是一个最重要的实验，也是一个最不可思议的实验，它最能揭示波粒二象性的本质。量子力学大师费曼曾说过:“量子力学的一切都可以从这个简单实验的思考中得到。”

你可能会说，也不过如此，不就是一堆粒子通过狭缝时互相干涉从而产生明暗相间的条纹吗？有什么好大惊小怪的？

8.1 单个电子的双缝干涉实验

一堆粒子相互干涉？这也许是不少人潜意识中的想法。人们对波粒二象性的一种普遍的误解是单个粒子表现出粒子性，而大量粒子表现出波动性。为什么会这么想呢？因为在经典波动学中，波的干涉必须是两列波齐头并进，相互影响，波峰和波峰叠加形成亮条纹，波峰和波谷叠加形成暗条纹，例如图 8-1 所示的水波干涉。如此看来，有人就会说了，干涉是两列波相互影响的结果，所以粒子间的干涉也需要粒子间相互影响，如果只有一个粒子，那是没法干涉的。

等一等，千万不要想当然，科学不是靠想象，而要靠实验。现在我们还来做电子的双缝干涉实验，不过这一次，把电子枪的发射强度调到最低，一次只发射一个电子，看看这个电子会落在什么位置。

有人会说，一个电子，两条狭缝？嗯，那肯定是落在其中一条狭缝后面的衍射位置了，因为日常经验告诉我们，电子要么穿过其中一条狭缝，要么穿过另一条狭缝，一条狭缝只能造成单缝衍射结果，难道还会落在双缝干涉位置不成？

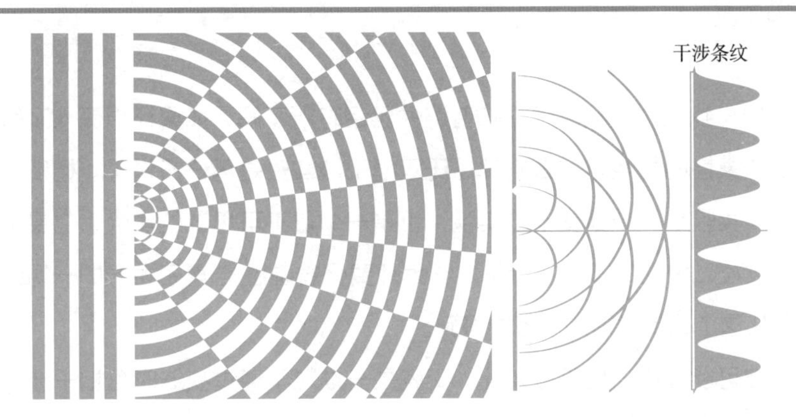

图 8-1　水波的经典波动性，源自两缝的水波一圈圈向外扩展，有些地方波动增强，有些地方波动减弱

没错！它确实会落在双缝干涉位置！日常经验是错的，因为日常生活中我们从来体会不到波动性，我们看到的粒子是经典力学中的粒子。而到了量子世界中，当波动性不可忽略时，粒子的运动在我们眼里就变得扑朔迷离了。

我们可以让电子一个一个发射出去，等前一个电子落在屏幕上再发射下一个电子。你会看到，每一个电子的落点似乎都是随机的，似乎是杂乱无章的，但是不久你就会看出规律，因为屏幕上居然慢慢地出现了干涉条纹，最后，明暗相间的干涉条纹越来越清晰地显现出来。干涉条纹竟然是由一个一个独立发射出去的电子的落点组成的！也就是说，单个电子也能发生干涉，只要前面有两条缝。

图 8-2 显示了这个实验的具体细节。电子是自己与自己干涉吗？也

许吧，谁能说清楚呢？不论是一堆一堆发射，还是一个一个发射，干涉条纹都是一样的！

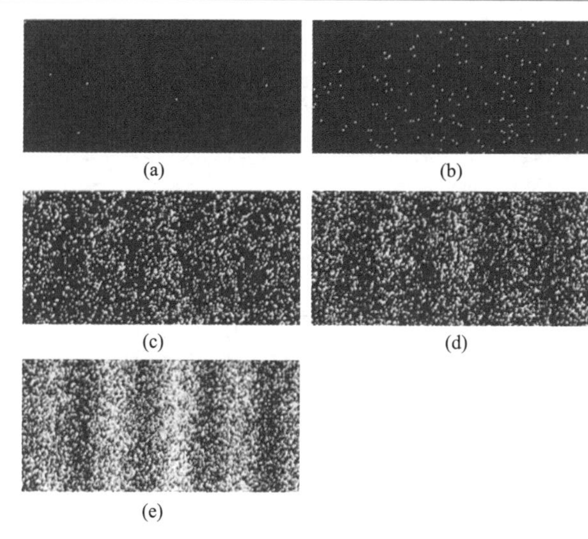

各图片所涉及的电子数依次约为 7，100，3000，20000 和 70000

图 8-2　双缝实验中，一束电子形成的干涉条纹的照片

光子以及其他粒子的实验现象与电子是一样的，它们的干涉条纹也都是由一个一个独立粒子的落点组成的。比如第 6 章中 PcH_2 酞菁染料分子干涉图像（图 6-5）就是这样得到的。

上述实验表明，单个粒子也能表现出波动性，波粒二象性是一种整体性质！

8.2　概率波与概率幅

也许在我们潜意识中，会为电子在这个实验中的运动想象出一条运动轨迹，就像我们经常看到的宏观粒子的运动轨迹一样（比如说子弹出膛或足球射门），但我敢说你的想象绝对是错误的，经典的轨迹与此处的运动具有天壤之别！

我们可以看看经典的粒子在双缝实验中会有什么表现。假设用一把手枪进行射击，前面钢板上有两道缝，钢板后有一块木板，而且当前一颗子弹打到木板上后才发射下一颗子弹。

你可以先打开缝 1 关闭缝 2 射击 10min，板 1 上会出现一片弹痕；然后你打开缝 2 关闭缝 1 射击 10min，板 1 上又会出现一片弹痕。然后你换一块新木板，把两条缝都打开射击 10min，板 2 上会出现弹痕。你把两块木板上的弹痕比较一下，想象一下，会有什么发现？你会发现，弹痕分布大致是一样的，如图 8-3 所示。或者用数学的语言来说，双缝全开时子弹落点的概率密度 P 等于单开缝 1 时的概率密度 P_1 与单开缝 2 时的概率密度 P_2 之和，即

$$P=P_1+P_2$$

可是对于电子的双缝实验就不同了。用电子枪发射电子，等前一个

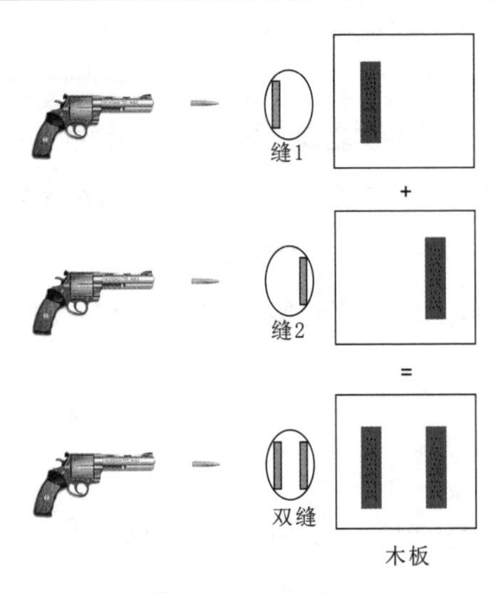

图 8-3　子弹的双缝实验，木板上的落点是只开一条缝时落点的简单加和

电子落在屏幕上再发射下一个电子。假如先打开缝 1 关闭缝 2 发射 10min，则屏幕上会出现一片落点；然后打开缝 2 关闭缝 1 发射 10min，屏幕上又会出现一片落点。然后你换一块新屏幕，把两条缝都打开发射 10min，屏幕上会出现落点。

这时你把两块屏幕上的电子落点比较一下，你会发现，两块屏幕上的落点分布是完全不同的，如图 8-4 所示。双缝全开时电子落点的概率密度 P 并不等于单开缝 1 时的概率密度 P_1 与单开缝 2 时的概率密度 P_2 之和。

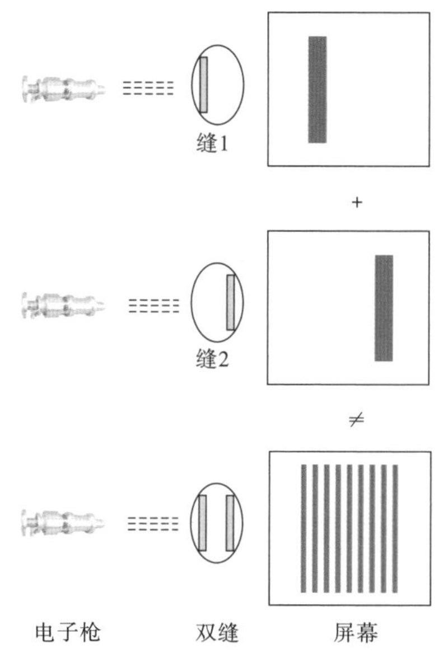

图 8-4　电子的双缝实验，屏幕上的落点并非只开一条缝时落点的简单加和，而是出现了干涉图样

在我们对经典波的研究中，已经获得了关于干涉的数学公式。比如两列水波干涉时，两列初始波的振幅发生叠加形成的新的振幅为

$$\psi=\psi_1+\psi_2$$

式中，ψ_1 与 ψ_2 是两列初始波的振幅，ψ 是干涉波的振幅。

波的强度正比于振幅的模的平方，则有

$$I=\left|\psi\right|^2=\left|\psi_1+\psi_2\right|^2=I_1+I_2+2\sqrt{I_1I_2}\cos\theta$$

式中，I_1 与 I_2 是两列初始波的强度，θ 是 ψ_1 与 ψ_2 的相位差，I 是干涉波的强度。

当 $I_1=I_2$ 时，根据相位差 θ 的不同，波强最强处 $I_{max}=4I_1$（比如 $\theta=0°$时），波强最弱处 $I_{min}=0$（比如 $\theta=180°$时）。也就是说，波强最强处变为原来的

4 倍，波强最弱处为 0。

我们对光的波粒二象性比较容易理解，因为我们已经接受了光是电磁波的概念。可以证明，对于通过双缝的两列光波，每列光波都可以用振幅和相位来表示。而且干涉的光强公式和上式一样。两个波峰叠加的地方，振幅变为原来的 2 倍，光强（即光子密度）变为原来的 4 倍；波峰和波谷相遇则会相互抵消，光强为零。

电子的波粒二象性与光类似。电子双缝干涉图样中的强度对应于电子密度（屏幕上某一区域每秒每平方米落的电子数）。每个电子经过双缝到达屏幕形成一个点，最终大量点组成干涉图样。将电子双缝干涉图样中的强度和单缝衍射图样中的强度进行比较，会发现双缝的强度是单缝的 4 倍，这说明确实存在“电子波”。

关键是，电子的干涉图样是电子在屏幕上的落点构成的图样，可以称之为“概率波”。于是“电子波”的振幅就是让人难以理解的“概率振幅”，简称“概率幅”。更令人惊讶的是，薛定谔方程里的波函数就是“概率幅”（参见 7.2 节）。费曼曾说过：“概率幅几近不可思议，迄今尚无人识破其内涵。”

双缝全开时电子波的概率振幅 ψ 等于单开缝 1 时的概率振幅 ψ_1 与单开缝 2 时的概率振幅 ψ_2 之和，即

$$\psi=\psi_1+\psi_2$$

电子落点的概率密度正比于波函数的模的平方，则

$$P=\left|\psi\right|^2=\left|\psi_1+\psi_2\right|^2=P_1+P_2+2\sqrt{P_1P_2}\cos\theta$$

式中，θ 是 ψ_1 与 ψ_2 的相位差。

这里的数学处理竟然和水波的情形是一样的！

对于光来说，光的干涉条纹强度由电磁波和概率波理论计算都是一样的，你既可以把它看作电磁波，又可以看作是一种概率波。光在经典物理学中是电磁波，而在量子物理中又是概率波，这又该如何理解呢？

二者是否具有统一性呢?

总而言之，光子、电子、中子、原子、分子、大分子、超大分子……它们不论是一堆一堆发射，还是一个一个发射，只要通过合适宽度的双缝打到屏幕上，概率分布就呈现和波一样的干涉现象，虽然它们看起来是以粒子的方式打上去的。

从这个意义上来说，它们的行为“有时像粒子，有时像波，但却既不是粒子，也不是波”。你可能会觉得这真是不可思议，但它就是这么不可思议！事实就是如此。

8.3 观察电子的轨迹

在慢速发射电子的双缝实验中，要注意，后一个电子是在前一个电子打在屏幕上以后才发射的，也就是说，在发射枪和屏幕之间每次只有一个电子在运动。但不可思议的是，这个电子似乎可以“看见”前面有几条缝，从而决定自己是落在单缝衍射位置还是双缝干涉位置！只要两条缝都打开，它就落在双缝干涉位置，如果闭合一条缝，它就落在单缝衍射位置。

这个电子是怎么知道前边有几条缝的呢? 两条缝都打开时，它到底是通过哪条缝隙到达屏幕的呢?

好吧，我们想想办法，看能不能找到电子到底是从哪条缝隙穿过去的。如果发现了它的运动轨迹，也许就能发现其中的奥妙。

物理学家们想到了一个办法，紧贴双缝后面放一个光源（如图 8-5 所示），因为电子会散射光，于是当电子从某一条缝飞出来时，它散射的光子会被光子探测器捕捉到，从而可以断定电子从哪条缝通过。假如电子从缝 1 穿过，我们会探测到缝 1 附近有闪光；假如电子从缝 2 穿过，则会探测到缝 2 附近有闪光；假如电子分为两半同时从两个缝穿过，则两个缝都会探测到闪光。

这个实验看起来相当完美，可结果却让人大吃一惊！

实验结果是，我们能看到电子不是从缝 1 穿过，就是从缝 2 穿过，从来没有看到过分成两半的电子。这就是说，电子始终是以一个完整的粒子形式在运动。

你会说，这不就解决了吗？有什么吃惊的呢？别高兴得太早，虽然我们能判断电子的路径，但是屏幕上的干涉条纹却不见了！屏幕上的图案变成了两个单缝图案的简单叠加而不是干涉图案，就像用子弹做实验一样！

也就是说，如果我们看到电子从缝 1 穿过，它就会落到缝 1 后面的位置，如果看到电子从缝 2 穿过，它就会落到缝 2 后面的位置，干涉条纹不见了。这时候，电子跟子弹的表现是一样的。

是不是光子和电子的碰撞对电子的运动造成了干扰呢？肯定是有干扰，但为什么这个干扰会完全破坏干涉图案而不是造成部分影响呢？

物理学家们进一步改进实验，把光源的光强逐渐调小，也就是光子发射的密度逐渐减小。这时有的电子会被光子碰撞而被观测到，有的电子则从光源前溜了过去，没被观测到。结果是：被观测到的电子落在单缝后面的位置，而没被观测到的电子则仍然落在双缝干涉位置！

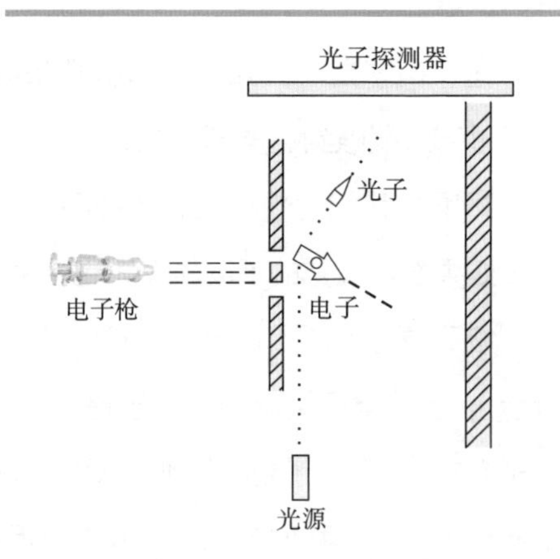

图 8-5　观察电子通过哪条缝的实验示意图

也就是说，如果我们观察

到了电子的路径，电子就变成了子弹；而如果我们不观察它的话，它就还是电子。电子好像在跟我们玩捉迷藏的游戏。

8.4 跟人类捉迷藏的电子

有人还不甘心，怀疑是我们用的光的频率太高，能量太大的缘故，于是就想出用低频率光来照射。因为光子能量 $E=h\nu$，动量 $p=h/\lambda=h\nu/c$，如果光的频率足够低，光子的能量和动量就会很小，那么碰撞电子时是不是就不会对电子的运动造成大的干扰呢？

来看看实验结果吧。随着光的频率的降低，令人惊异的事情发生了，屏幕上又开始出现模糊的干涉图像，可是这时由于光子频率较低，它和电子碰撞时只能出现一团模糊的闪光，我们已经判断不清电子是从哪条缝穿过的了。当光子频率极低时，屏幕上出现了清晰的干涉图像，但此时被散射的光子则完全模糊，我们完全无法判断电子是从哪条缝穿过的了。也就是说，如果电子受的扰动小了，光子受的扰动就会变大，它俩总是此消彼长，不可能同时精确测量。

真是令人难以置信，太不可思议了！电子就像在跟我们捉迷藏，一旦我们发现了它的路径，它就不再显示干涉现象。或者说，电子是不会让你看到它是如何运动的，一旦你看到了，它原来的运动方式就变了，只能让人徒唤奈何！

还是用一首小诗来结束这一章吧：

形似粒子动似波，单粒亦有概率波。

若为粒子寻轨迹，只有徒劳叹奈何。

量子力学正统解释：哥本哈根解释

从第 8 章的实验中我们已经看到，如果你既想看到电子从哪条狭缝穿过，又想得到干涉图案，那是不可能的，这是由量子力学的一条最基本的原理——不确定原理所决定的，非人力所能改变。

9.1 不确定原理

不确定原理是德国物理学家海森堡提出来的。他对云室径迹显示电子是个粒子，但它又具有波动性而感到迷惑，因为他已经认识到电子有固定运动轨迹的观点是错误的。当时使他感到困惑的问题是：既然在量子理论中粒子没有固定路径，那又怎么解释在云室里观察到的粒子径迹呢？

后来他领悟到，云室里的径迹实际上是一连串凝结起来的小水珠，这些水珠比电子大得多得多，自然不可能精确地表示出经典意义下的电子路径，它至多能给出电子坐标和动量的一种近似的、模糊的描写。于是他开始寻找粒子坐标和动量的不确定度之间的关系，以便证明云室径迹和量子理论没有矛盾。

经过深入研究，他终于发现了微观粒子的不确定原理，这个原理更进一步地揭示了波粒二象性的本质。

海森堡在 1930 年所著的《量子论的物理原理》一书中说道：

“相对论对经典概念进行批判的出发点是假设不存在超光速的信号速度。类似地，我们可以把同时测量两个不同的物理量有一个精度下限，即所谓不确定关系，假设为一条自然定律，并以此作为量子论对经典概念进行批判的出发点。”

不确定原理这样表述：有一些成对的物理量（例如，坐标与相应的动量分量、能量与时间等，它们相乘后的单位正好是普朗克常数的单位 J·s），要同时测定它们的任意精确值是不可能的，其中一个量被测得越精确，其共轭量就变得越不确定。

对于 x、y、z 三个方向的坐标与相应的动量分量，不确定原理的数学表达式为

$$\Delta x \cdot \Delta p_x \geqslant \frac{h}{4\pi}$$

$$\Delta y \cdot \Delta p_y \geqslant \frac{h}{4\pi}$$

$$\Delta z \cdot \Delta p_z \geqslant \frac{h}{4\pi}$$

不确定原理对微观粒子和宏观粒子的影响程度可以从下面两个例子看出来。

例 1：假设质量为 0.01kg 的子弹，运动速度 υ 为 1000m/s，如果速度误差为 1%，即 $\Delta\upsilon$=10 m/s，则其位置的不确定程度 $\Delta x=5.3\times10^{-34}$m。

例 2：假设电子在 x 方向的运动速度 υ_x 为 100 000 m/s，如果速度误差为 1%，即 $\Delta\upsilon_x$=1000 m/s，则其位置的不确定程度 $\Delta x=5.8\times10^{-8}$m。

显然，对于电子来说，其位置不确定度超过了原子半径的一百倍，可以说完全无法确定其位置了；而对于子弹来说，其位置不确定度则完全可以忽略不计。这就是我们在宏观体系里可以确定粒子的运动轨迹，而在微观体系里运动轨迹却失去意义的原因。

再来看双缝实验。坐标与相应的动量分量不能同时确定，就是说电子的位置测量得越精确，动量就越不确定，反之亦然。这样，如果我们以足够的精度测出其中任意一个值，另一个值的不确定度就足以抹平干涉图案而失去测量意义。所以说，电子的运动轨迹是无法测量的。或者说，

电子本来就不存在运动轨迹，因为轨迹的概念是一个宏观概念，一旦到了尺度极小的微观世界，轨迹就失去了意义。

这不是我们无能，运动的本质就是不确定的。电子枪发射电子时，初始条件都是一样的，但每个电子具体会打到屏幕上哪一点连它自己都不知道，整个运动都是不确定的，它唯一能做到的就是“判断”落在屏幕上各个位置的概率，尽量朝概率大的地方飞去，至于落到哪儿只能听天由命了。所以我们只能以概率的大小来判断电子的可能落点。

9.2 互补原理

面对波粒二象性这些令人费解的实验现象，也许我们需要换一个角度来考虑，或者说，可以从中总结出一些特点。玻尔就总结出了一条原理——互补原理。

1927 年，玻尔提出了著名的互补原理。互补原理指出，一些物理对象存在着多重属性，这些属性看起来似乎是相互矛盾的，有时候人们可以通过变换不同的观察方法来看到物理对象的不同属性，但是原则上不可以用同一种方法同时看到这几种属性，尽管它们确实都存在。光的波动性和粒子性就是互补原理的一个典型的例子。

海森堡在《量子论的物理原理》一书中说道：

“我们不应视粒子和波为两个互为排斥的概念，而应视为互相补充的概念，意即两个概念都是需要的，有时需用其一，有时其他，玻尔称这个看法为互补原理……一个电子以粒子状态出现，抑或以波动状态出现，则全视我们做何观察测量而定。如我们的观察是测量它的能量及动量，则测得粒子的性质；如我们的观察是测量它的波长，则测得波的性质。”

对于波粒二象性，互补原理主张波动性和粒子性既是互相排斥，又是相互补充的。这种双重性质就好像同一枚硬币的两面，可以显示正面或反面，但不能同时显示两面。例如，一个实验可以设计用来揭示光的波动性或它的粒子性，但不能在同一实验中同时揭示两种性质。玻尔认为，物理学家必须选择要么“跟踪粒子的路径”，要么“观察干涉效果”。

玻尔被封为爵士后，以中国古代的太极图为核心设计了他的族徽（见图 9-1），并写有拉丁语“CONTRARIA SUNT COMPLEMENTA（对立即互补）”，以此来展示他对互补原理的理解。太极图中的阴阳相生相克确实是既互补又排斥的，看来玻尔对古老的中国文化理解还是挺深的。

图 9-1　玻尔爵士的族徽

但是也有人质疑互补原理，认为这不能称之为原理，这不过是根据实验现象总结的规律，是现有实验手段不足导致人们只能测量波粒二象性某一方面的性质，而不代表永远不能同时测量这两方面的性质。这话也不光是说说而已，现在已经有科学家在着手这方面的实验了，而且取得了一定进展。

英国物理学家佩鲁佐等人在 2012 年 11 月 2 日出版的《科学》杂志上发表了一篇论文，指出他们在实验中同时观察到了光子的波动性和粒子性。佩鲁佐在一份声明中说道：

“这种测量装置检测到了强烈的非定域性，这就证实在我们的试验中光子同时表现的既像一种波又像一种粒子。这就对光或者像一种波或者像一种粒子的模型做出了强烈的反驳。”

对于这个结果，部分科学家认为还值得商榷，将来结果如何，让我们拭目以待吧。

现在，我们终于可以大致总结一下到底什么是波粒二象性了。波粒二象性既包含粒子性，又包含波动性，但它的粒子性不同于经典物理中的粒子，波动性也不同于经典物理中的波。我们在表 9-1 中进行了对比。

表 9-1　波粒二象性与经典粒子和经典波的对比

	经典物理	波粒二象性
粒子性	具有一定质量、能量、动量，具有一定的运动轨迹；位置、动量可以同时确定	位置、动量无法同时确定；没有固定的运动轨迹，只有概率分布的规律
波动性	需要传播介质，可以扩散和消失，会在空间弥散开来。干涉条纹是波与波的叠加和抵消	无须传播介质，是“概率波”，即粒子出现的概率符合波的规律，波的强度与粒子出现的概率密度成正比。只能得知什么地方可能有粒子出现及粒子可能有什么样的属性（能量、自旋等），它包含了量子因素固有的不可预测性和不确定性。干涉条纹反映了粒子的出现与不出现

玻尔曾经说过：

“语言是建立在经由感官传递过来的信息基础上的，我们对微观世界的描述受到我们语言贫乏的限制，因此，我们无法给出量子过程一个真实的描述。”

对于波粒二象性所显示的物理现象，这句话再合适不过了。我们的语言太贫乏，只好起了“波粒二象性”这么一个似是而非的名字。

9.3　叠加态：人为测量竟如此重要?

在上一章单个粒子的双缝干涉实验中，我们看到单个粒子也能表现出波的特性。为了解释这种现象，量子力学中提出了一种“叠加态”的假设，并将其作为量子力学的一条基本假设——“态叠加原理”纳入量子力学体系中。

态叠加原理指出，假设 A 和 B 是一个粒子的两种不同的状态，那么 A 和 B 的线性组合 A+B 也是这个粒子的可能状态，同时具有状态 A 和状态 B 的特征，A+B 可称做“叠加态”。

按照这种假设，在双缝实验中，粒子穿过狭缝 A 时处于状态 A，穿过狭缝 B 时处于状态 B。实验装置令粒子具有了一种特定的叠加态，该叠加态是“粒子穿过狭缝 A”和“粒子穿过狭缝 B”的结合，记作 A+B，也就是粒子同时穿过狭缝 A 和狭缝 B。两道狭缝被捆绑在一起，于是在测量粒子位置时，会发现有干涉现象。

也就是说，按照这种假设，单个粒子同时穿过了两道狭缝，它自个儿跟自个儿发生了干涉。

但是，叠加态会被人为测量而破坏。假如我们要观察电子穿过狭缝的过程，那么它有 50%的可能性穿过狭缝 A，同时有 50%的可能性穿过狭缝 B，如果你观察到它从哪个狭缝穿过（即完成一次测量），叠加态就消失了，于是感光屏上就不会出现干涉。假如我们不观察电子穿过狭缝的过程，而只观察它最终落在感光屏上的形态，同时穿过狭缝 A 和狭缝 B 叠加态就会始终存在，就会看到干涉。

另外，粒子的某些属性在没进行测量之前是不确定的，我们也可以认为此时粒子处于多种属性的叠加态，只有测量完成后，它的属性才会固定下来。人们常用“薛定谔的猫”（见图 9-2）来“形象地”描述这种叠加态，但我认为这并不是一个很好的例子（注 1），我们还是来看另一个关于偏振光的例子。

注 1：大多数书上都会分析“薛定谔的猫”佯谬（见图 9-2），但我认为一个由天文数字的各种粒子构成的宏观物体早已丧失了量子特性。

如果一定要研究其叠加态，就要把所有粒子的可能性都组合起来，那就又是更大的天文数字了，决非简单的“死”和“活”所能描述。

图 9-2　薛定谔的猫，处于死和活的叠加态示意图

一只猫被关在箱子里，箱子中有一小块放射性物质，它在 1h 内有 50% 的概率发生一个原子衰变。如果发生衰变，就会通过一套装置触发一个铁锤击碎一个毒气瓶毒死猫。在 1h 之内，你无法判断猫是死是活，除非打开箱子看。按照量子力学规则，可以认为猫处于死和活的叠加态，一旦你打开箱子观察，它就会从叠加态变成确定态

当自然光射过偏振片时，可将各个方向的振动分解为平行于偏振方向的振动和垂直于偏振方向的振动。垂直于偏振方向的分量被吸收并随之消失，平行于偏振方向的分量通过，故光强只剩原来的一半，如图 9-3（a）所示。任一方向光线的分解见图 9-3（b）。

在此我们只研究单个光子的情况。对于一个光子，在它没有通过一个偏振片之前，其偏振方向是不确定的，或者说，它处于所有偏振方向的叠加态中。只有你进行一次测量，也就是摆放一个偏振片让它通过，它才会有一个确定的偏振方向。

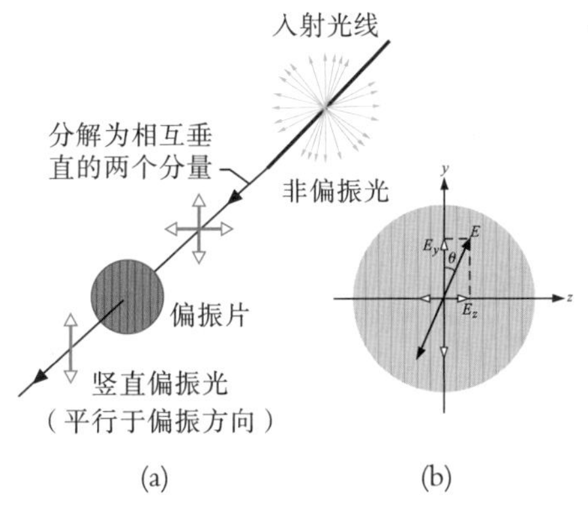

自然光包含了所有角度的振动方向，任何一个方向的振动都可以按图（b）中的方法分解为平行和垂直于偏振方向的振动。当它穿过偏振片时，只有平行于偏振方向的分量通过（该方向在此处用画在偏振片上的竖线来表示），通过偏振片后就得到了竖直偏振光，光强为入射光的一半

图 9-3　自然光射过偏振片

因为自然光（大量光子）通过以任意角度摆放的偏振片后强度都会变为原来的一半，所以单个光子通过任意角度偏振片的概率是 50%。

要知道，这个偏振片你可以以任意角度摆放，这个光子都有 50% 的概率通过。于是就有两种情况出现：通过或者被挡住。

（1）如果这个光子通过偏振片，那么它的偏振方向就被确定为与偏振片平行的方向，这时候，它就从叠加态变成了确定态。

（2）如果这个光子被偏振片挡住了，那么它的偏振方向就被确定为与偏振片垂直的方向，这时候，它也从叠加态变成了确定态。

也就是说，你随意放置一个偏振片，这个光子不管是通过还是被挡住，它都会从叠加态变成确定态（注 2）。

注 2：大多数书上都把光子的偏振分解为与偏振片平行的方向和与偏振片垂直的方向的叠加。实际上，在没有摆放偏振片之前，光子怎么会知道这两个方向朝向何方呢？所以我认为，这种“叠加”是人为想象的叠加态，而不是光子本来的叠加态，反而把问题复杂化了。

叠加态的概念让测量甚至是人的主观意识变得相当重要，因为你没测量前，它的属性是不确定的，而如何测量又是人的主观设置，完全是随意的，这正是量子力学让人们产生争论的焦点之一，因此产生了各种各样的量子力学解释，有人甚至提出平行宇宙来解释此现象(见第13章)，众说纷纭，让人眼花缭乱、无所适从。

9.4 波函数坍缩

量子力学的正统解释称为“哥本哈根解释”，因为这个解释的主要建筑师玻尔的研究基地在哥本哈根。实际上，“哥本哈根解释”这一术语是海森堡于1955年第一次使用的，之前从未有人这样说过，玻尔也没有。由于这个术语简洁地囊括了几条原则，说起来很方便，所以很快就流传开来。

“哥本哈根解释”的中心原则包括以下内容：玻恩的波函数概率解释（见7.2节）、海森堡的不确定原理、玻尔的对应原理（见7.3节）和互补原理、叠加态以及接下来将要介绍的波函数坍缩。该解释认为不存在超越测量或观察行为的客观实在现象。

该解释认为，一个微观物理的物体没有本征性质。在对电子进行观察或测量确定它的位置之前，电子根本不存在于任何位置。在它被测量之前没有速度或其他物理属性。在测量之前问电子的位置在哪和速度多大是没有意义的。

这一点是物理实在论者无法接受的。爱因斯坦坚决反对这一观点，他反驳道：“你是否相信，月亮只有在看着它的时候才真正存在？”

爱因斯坦的质疑看似不无道理，但并不能反驳该解释，因为宏观物体只能显示粒子性一种属性，它的波动性根本显示不出来，所以宏观物体构成了一种物理实在，与你的观察无关。而微观粒子却有粒子性和波动性两种属性，在这种情况下，你的观察就会起决定性作用了。

这实际上就是“波函数坍缩”的概念。根据哥本哈根解释，在一次测量和下一次测量之间，除抽象的概率波函数以外，这个微观物体不存在，它只有各种可能的状态；仅当进行了观察或测量，粒子的“可能”状态之一才成为“实际”的状态，并且所有其他可能状态的概率突变为零。这种由于测量行为产生的波函数的突然的、不连续的变化被称为“波函数坍缩”。比如在电子双缝干涉实验中，每个电子落在屏幕上都是一次波函数坍缩。

其实，9.3 节所讲的“叠加态变成确定态”也可以理解为波函数坍缩。

对此爱因斯坦并不赞同，因为没有现成的机理来解释看起来是弥散在空间中的波函数如何能在瞬间“收敛”于检测点。他认为这种瞬间的波函数坍缩存在一种超距作用，粒子在某一点出现意味着其他可能出现点的概率瞬间为零，这种信息传递是超光速的，是违背相对论的。爱因斯坦把这种指责最后提炼为一个称为 EPR 佯谬的思想实验，其结果如何，我们将在第 15 章中详述。

附录　量子计算机

量子叠加态最让人们期待的应用，可能就要数运算功能超级强大的量子计算机了。

现有的电子计算机采用二进制的“位”（用“0”或“1”表示）作为信息存储单位，进而实现各种运算。而运算过程是经由对存储器所存数据的操作来实施的。电子计算机无论其存储器有多少位，一次只能存储一个数据，对其实施一次操作只能变换一个数据，因此，在运算时，必须连续实施许多次操作，这就是串行计算模式。

量子计算机的信息单元是量子位。量子位最大的特点是它可以处于“0”和“1”的叠加态，即一个量子位可以同时存储“0”和“1”两个数据，而传统计算机只能存储其中一个数据。比如一个两位存储器，量子存储器可同时存储“00”“01”“10”“11”四个数据，而传统存储器只能存储其中一个数据。

很容易就能算出，n 位量子存储器可同时存储 2^n 个数据，它的存储能力是传统存储器的 2^n 倍。一台由 10 个量子位组成的量子计算机，其运算能力就相当于 1024 位的传统计算机。对于一台由 250 个量子位组成的量子计算机（n=250），它能存储的数据比宇宙中所有原子的数目还要多。这就是说，即使把宇宙中所有原子都用来造成一台传统计算机，也比不上一台 250 位的量子计算机。

但是，究竟以怎样的方式才能把这些量子位连接起来，怎样为量子计算机编写程序，以及怎样编译它的输出信号，这些方面都面临着严峻的挑战。1994 年，计算机科学家 Peter Shor 给出了一个大数因子分解的量子算法，它能在几秒内破译常规计算机几个月也无法破译的密码。这是一个革命性的突破，显示出量子计算机是可以进行计算的，由此引发了大量的量子计算和信息方面的研究工作，关于量子逻辑门、量子电路等许多设计方案不断涌现，使得量子计算的理论和实验研究蓬勃发展。

现在人们需要做的，就是如何造出一台量子计算机。近 20 年来，相关领域的科学家纷纷投入研制工作，虽然面临重重技术障碍，但也取得了一些进展。2001 年，科学家在具有 15 个量子位的核磁共振量子计算机上成功利用 Shor 算法对“15”进行了因式分解。2011 年，科学家使用 4 个量子位成功对“143”进行了因式分解。

虽然现在量子计算机还处于低级阶段，但是将来一旦研制成功，一定会为人类带来又一次影响深远的信息革命。

10 神奇的量子隧道效应

波粒二象性使微观粒子表现出许多在宏观世界里看起来不可思议的现象，隧道效应就是其中之一。崂山道士的故事被我们当作笑话来看，但是，在量子世界里，因为有隧道效应，穿墙而过不再是什么难事，很容易就能做到。借助隧道效应，人们发明了扫描隧道显微镜，不但“看见”了一个个原子，而且实现了移动、操控原子的梦想。

10.1 隧道效应：穿墙而过不是梦

在讲隧道效应之前，我们先来看一个小实验。如图 10-1 所示，假设有一条像山坡一样高低起伏的滑道，滑道上有一个小球，二者之间没有任何摩擦力。如果我们让小球从 A 点出发滑落，而且出发时速度为零，那么小球最高能到达哪一点呢？

这太简单了，根据能量守恒定律，我们知道小球的势能会转化成动能，然后动能再转化成势能，最后会到达高度与 A 点相同的 B 点，如此往复运动。

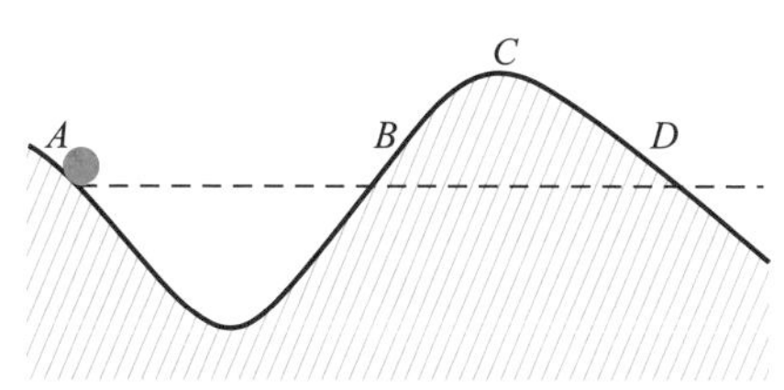

图 10-1　用小球和滑道来说明隧道效应的示意图

如果我问你，这个小球会出现在 D 点吗？你一定会说，绝对不可能，因为 C 点是一座无法翻越的大山。或者说，C 点是一个能量很高的势垒，小球没有足够的能量来翻越它。

对于经典粒子来说，的确是这样的。但是，如果这条滑道缩小到原子尺度，而小球是一个电子的话，上述结论就不成立了。量子力学计算表明，从 A 点出发的电子有明显地出现在 D 点的概率，就像是从一条隧道中穿越过去的一样，这就是量子隧道效应，它是微观粒子波粒二象性的体现。

总结一下，如果微观粒子遇到一个能量势垒，即使粒子的能量小于势垒高度，它也有一定的概率穿越势垒，这种现象就叫隧道效应。隧道效应又称势垒贯穿，是一种很常见的量子效应。也就是说，崂山道士的故事在量子世界里是很平常的，一点都不稀奇。

当然，对于不同的情况，粒子在势垒外出现的概率大小是需要通过薛定谔方程仔细计算的。在一般情况下，只有当势垒宽度与微观粒子的德布罗意波长可比拟时，势垒贯穿的现象才能被显著观察到。如果势垒太高或太宽，隧穿的可能性就会变得很小。

用量子隧道效应能部分地解释放射性元素的 α 衰变现象。α 衰变是从原子核中发射出 α 粒子（氦原子核）的一种放射性现象。原子核对它最终要发射的 α 粒子来说，就好比一道屏障，而 α 粒子就被围在其中。然而，原子核内的 α 粒子在隧道效应的作用下有一定的概率隧穿原子核屏障而逃逸，这就表现为放射性。比如对于铀 -238，其原子核的势垒高达 35MeV，而释放出的 α 粒子能量只有 4.2 MeV，如果把它比作一个人的话，他只能跳 4.2m 高，但是却跳过了 35m 高的墙。

黑洞的边界是一个物质（包括光在内）只能进不能出的“单向壁”，这单向壁对黑洞内的物质来说就是一个绝高的势垒。但是霍金（S. W. Hawking）认为黑洞并不是绝对黑的，黑洞内部的物质能通过隧道效应而逸出，但这种过程很慢很慢。不过据估计有一些产生于宇宙大爆炸初期的微型黑洞到现在已经蒸发完了。

在两块超导体之间夹一个绝缘层，电子能否从绝缘层穿越呢？按经典理论，电子是不能通过绝缘层的。但是 1962 年，英国物理学家约瑟夫森（B. D. Josephson）从理论上研究并作出预言，只要绝缘层足够薄，超导体内的电子就可以通过绝缘层而形成电流，因为电子可以通过隧道效应穿过绝缘层。这种装置被称为约瑟夫森结。1963 年，实验证明了约瑟夫森预言的正确性，他也由于这一贡献获得了 1973 年的诺贝尔物理学奖。

10.2 扫描隧道显微镜

随着科学技术的发展，隧道效应不仅仅用于解释物理现象，它的应用已经渗透到科学的各个领域乃至我们的日常生活之中，并以此为基础诞生了形形色色的隧穿器件和装置。扫描隧道显微镜（scanning tunneling microscope, STM）就是一个典型的例子。它是由 IBM 苏黎世实验室的宾宁（G. Binnig）及罗雷尔（H. Rohrer）于 1981 年发明的。

扫描隧道显微镜是利用隧道效应工作的。以一个非常尖锐的金属（如钨）探针（针尖顶端只有几个原子大小）为一电极，被测样品为另一电极，在它们之间加上高压。当它们之间的距离小到 1nm 左右时，就会出现隧道效应，电子从一个电极穿过表面空间势垒到达另一电极形成电流。隧道电流与两电极间的距离成指数关系，对距离的变化非常敏感。用宾宁和罗雷尔的话说：

“距离的变化即使只有一个原子直径，也会引起隧道电流变化 1000 倍。”

因此，当针尖在被测样品表面上方做平面扫描时，即使表面仅有原子尺度的起伏，也会导致隧道电流非常显著的、甚至接近数量级的变化。这样就可以通过测量电流的变化来反映表面上原子尺度的起伏，从而得到样品表面形貌，如图 10-2 (a) 所示。

还有一种测量方法，通过电子反馈电路控制隧道电流在扫描过程中保持恒定，那么为了维持恒定的隧道电流，针尖将随表面的起伏而上下移动，于是记录针尖上下运动的轨迹即可给出表面形貌，如图 10-2 (b) 所示。

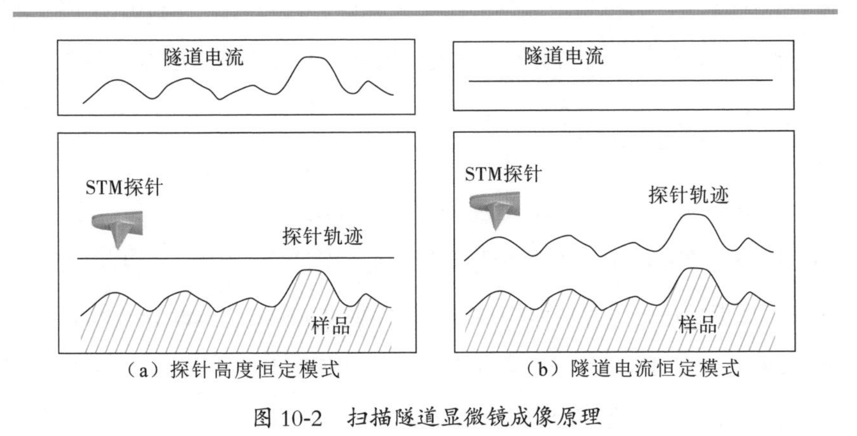

图 10-2　扫描隧道显微镜成像原理

打个比方来说，如果透射电子显微镜（见第 6 章）是用眼睛看物体表面的话，那么扫描隧道显微镜就是用手在摸物体表面，从而感知到表面的凸凹不平。

扫描隧道显微镜的放大倍数可高达一亿倍，分辨率达 0.01nm，使人类第一次“看见”了单个原子，是世界重大科技成就之一。两位发明者也因此获得了 1986 年的诺贝尔物理学奖。图 10-3 给出了用 STM 测得的 Cu 表面图像。

按人的意志来排列一个个原子，曾经是人们遥不可及的梦想，而现在，这已成为现实。STM 不但可以用来观察材料表面的原子排列，而且能用来移动原子。可以用它的针尖吸住一个孤立原子，然后把它放到另一个位置。这就迈出了人类用单个原子这样的“砖块”来建造物质“大厦”的第一步。如图 10-4 所示为 IBM 公司的科学家精心制作的“量子围栏”。他们在 4K 的温度下用 STM 的针尖把 48 个铁原子一个个地排列到一块精制的铜表面上，围成一个围栏，把铜表面的电子圈了起来。图中圈内的圆形波纹就是这些电子的概率波图景，电子出现概率大的地方波峰就高，它的大小及图形和量子力学的预言符合得非常好。

图 10-3　Cu(111) 晶面的 STM 图像

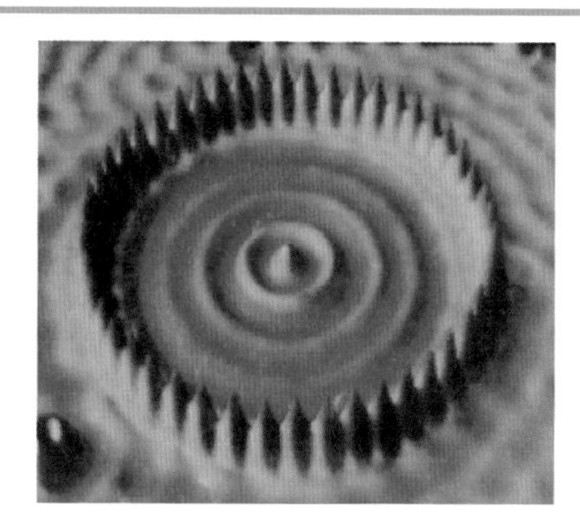

图 10-4　48 个 Fe 原子形成的量子围栏，围栏中的电子呈现出概率波图景

独辟蹊径的路径积分

波动力学和矩阵力学已经是人们习惯使用的量子力学处理方法，没想到，还有人并不满足于此，而是独辟蹊径，提出另一种数学处理方法，并且大获成功。

美国物理学家惠勒在普林斯顿大学任教之时，手下最出色的学生是理查德·费曼。1942 年，费曼在惠勒的指导下完成博士论文，取得普林斯顿大学的博士学位，这篇论文提出了量子力学的另一种数学表示形式——路径积分。路径积分现在已经成为量子物理学家们必不可少的工具。后来费曼获得了诺贝尔物理学奖，成为美国最著名的物理学家之一。

11.1　路径积分：所有路径求和

了解路径积分前需要先了解一个名词——作用量。在经典力学中，作用量是一个很特别、很抽象的物理量，它表示一个物理系统内在的演化趋向，能唯一地确定这个物理系统的未来。只要设定系统在初始状态与最终状态，那么系统就会沿着作用量最小的方向演化，这被称为最小作用量原理。比如光在从空气中进入水中传播时，它所走的路径是花费时间最小的路径，所以会有一定的折射率。

经典力学体系的作用量在数学上可以用拉格朗日函数对时间的积分来表示，费曼注意到狄拉克 1933 年关于量子力学的拉格朗日表述，两相对照，费曼找到了结合点，于是他把作用量引进了量子力学。1942 年，费曼在他的博士论文中提出了波函数的一种“按路径求和”的数学表达形式。

还记得概率振幅（即波函数）吗？费曼从概率幅的叠加原理出发，利用作用量量子化方法完整地建立了他的路径积分理论。其核心思想是：从一个时空点到另一个时空点的总概率幅是所有可能路径的概率幅之和，每一路径的概率幅与该路径的经典力学作用量相对应。把作用量引进量子力学，费曼便架起了一座连接经典力学和量子力学的新桥梁。

简单来说，这种方法要考察一个粒子（或者系统）从一点运动到另一点可能经过的所有路径，每一条路径都有自己的概率振幅，最终粒子的概率分布由所有这些可能的路径共同决定。

在这种方式下，费曼获得了一个奇妙的世界图像，它由时空中的世界线编织而成，万物皆可随心所欲地运动，而实际所发生的则是各种可能的运动方式的总和。

在《量子力学与路径积分》这本著作中，费曼指出：

“量子力学中的概率概念并没有改变，所改变了的，并且根本地改变了的，是计算概率的方法。”

显然，费曼的观点与概率统计诠释的精神是一致的，他并没有与哥本哈根解释相决裂。概率幅成为路径积分的核心，费曼在一篇论文中曾说道：

“从经典力学到量子力学，许多概念的重要性发生了相当大的变化。力的概念渐渐失去了光彩，而能量和动量的概念变得头等重要。……我们不再讨论粒子的运动，而是处理在时空中变化的概率幅。动量与概率幅的波长相联系，能量与其频率相联系。动量和能量确定着波函数的相位，因而是量子力学中最为重要的量。我们不再谈论各种力，而是处理改变波长的相互作用方式。力的概念，纵使要用，也是第二位的东西。”

尽管我们可以在数学上把所有路径的概率幅叠加来处理问题，但粒子如何能识破所有路径的概率幅却是令人费解的。所以连费曼都说:“概率幅几近不可思议,迄今尚无人识破其内涵。”

11.2 路径积分对双缝实验的解释

费曼在路径积分理论中提出如下原理:如果一个事件可能以几种方式实现,则该事件的概率幅就是以各种方式单独实现时的概率幅之和。

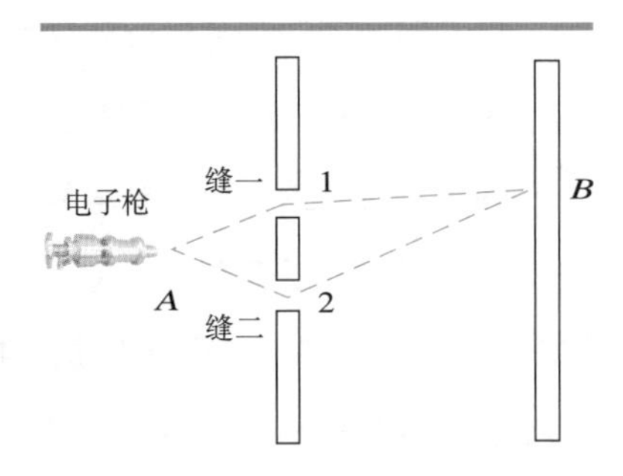

图 11-1 按经典运动考虑,电子有两条可能路径

在我们熟悉的电子双缝干涉实验中,我们仍然每次只发射一个电子。在经典运动方式下,电子从 A 出发落到屏幕上任意一点 B 时只能通过 1、2 两条路径到达(见图 11-1),那么电子在 B 点出现的概率幅 ψ 就是路径 1 的概率幅 ψ_1 和路径 2 的概率幅 ψ_2 之和,即

$$\psi=\psi_1+\psi_2$$

但是,电子并不是经典粒子,那么在量子运动状态下,电子从 A 到 B 有多少条可能的路径呢?如果我们能找到所有可能路径,那么就能计算出电子出现在 B 点的概率。

我们来设计一个稍微复杂一点的情况。我们在双缝和屏幕间再插入一块板,板上有三条狭缝,如图 11-2 所示。按经典路径,那么现在从 A 到 B 有 6 条可能路径,于是电子在 B 点出现的概率幅就是从路径 1 到路径 6 的概率幅之和,有

$$\psi=\psi_1+\psi_2+\psi_3+\psi_4+\psi_5+\psi_6$$

现在，让我们想象一下，如果在插入的板上刻出更多的狭缝，4 条、5 条、6 条……两条狭缝之间的距离越来越小，当狭缝数目趋于无穷时，会有什么效果呢？对了，那就是——这块板不见了，就跟没有这块板一样！

虽然空空如也，但我们可以认为在从 A 到 B 的空间里插满这种有无穷条狭缝的板，那么电子就在这些板之间来回碰撞转折，于是有无数条可能的路径实现从 A 到 B 的过程，也就是说，电子可以通过空间中任意一条路径到达 B 点，比如图 11-3 中给出的 3 条可能路径。所以，在双缝干涉实验中，电子在 B 点出现的概率幅就是空间中所有可能路径的概率幅之和，即

$$\psi=\psi_1+\psi_2+\psi_3+\cdots$$

我们知道，积分运算正是处理这种问题的好方法。费曼通过他的路径积分计算表明，当把所有可能路径都考虑进去时，算出的概率跟实验值刚好吻合。

这就是路径积分理论对于双缝实验的解释，也就是说，从 A 点出发的电子“探测”到了空间中所有路径，瞬间它就把所有路径的概率幅进

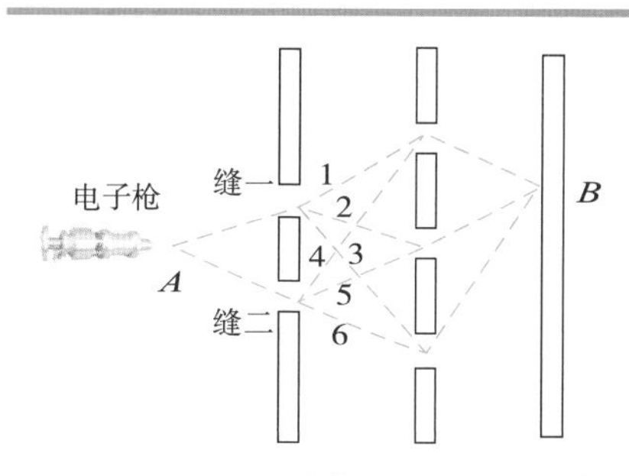

图 11-2　双缝和屏幕间插入一块刻有三条狭缝的板，电子有 6 条可能路径

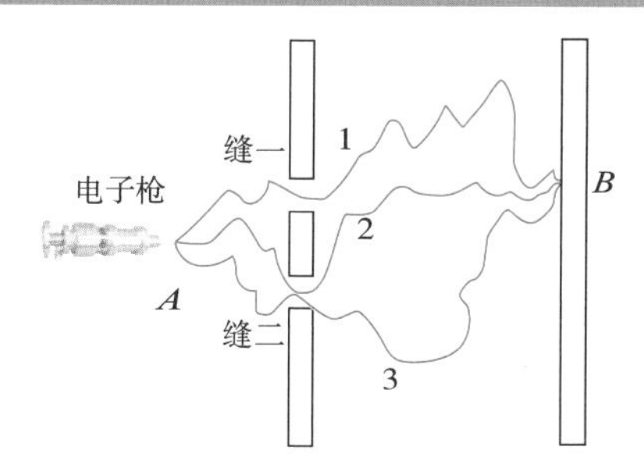

图 11-3　按量子运动考虑，电子有无数种可能路径

行了求和，从而确定了它该以什么样的概率落在屏幕上，所以，即使只发射一个电子，它也会落到双缝干涉位置上去。

这样，我们的疑问看上去就迎刃而解了。以前我们一直奇怪，虽然前方有两条狭缝，但是按理说一个电子只能通过一条狭缝，那么为什么电子不是落在单缝衍射位置而是落在双缝干涉位置呢？现在我们明白了，从 A 点发出一个电子，如果前方有两条狭缝，那么这个电子“探测”到的所有路径和前方只有一条狭缝的所有路径是不一样的，所以其最后的落点也是不一样的。

看起来很完美，但仔细一想，又是多么不可思议！电子既没有生命，也不是数学大师，它是如何在一瞬间就做完这一切的呢？也许就像光能在一瞬间决定在水中的折射率是多少才能用时最短一样，电子的运动有一个最小的作用量在控制它，人类需要通过大量数学计算才能得到的结果，对于自然界而言，那是自然而然就产生的。

自然界就按它自己的方式存在，至于如何去理解，能不能理解，那是我们人类的事，与自然无关。

11.3　路径积分的广泛应用

路径积分方法不仅为经典力学和量子力学之间架起了一座新的桥梁，同时还为量子力学、场论和统计学提供了一个统一的途径。

费曼的导师惠勒为费曼的研究感到非常兴奋，他将费曼的论文稿送到爱因斯坦那里。他对爱因斯坦说：

“这论文太精彩了，是不是？你现在该相信量子论了吧？”

爱因斯坦看了论文，沉思了一会儿，说：

“我还是不相信上帝会掷骰子……可也许我现在终于可以说是我错了。”

现在，量子力学已经有三种表述形式，即薛定谔的波动力学、海森堡的矩阵力学和费曼的路径积分。

费曼的路径积分在数学上不是严格定义的，长期困扰费曼的一个问题是：连最简单的氢原子模型的波函数用他的路径积分都算不出，而这一问题早已被薛定谔方程解决了。因此，从数学上研究费曼积分的定义十分必要。

直到 1979 年，Duru 与 Kleinert 采用了天体物理中的一种时空变换，成功地将路径积分理论应用到氢原子问题中，计算出氢原子能谱。这种时空变换思想为很多原来未解决的路径积分问题打开了新的思路，促使了路径积分量子化理论及其应用的迅猛发展。

现在，路径积分已经成为量子场论、量子统计学、量子混沌学、量子引力理论等现代量子理论的基础理论。创立夸克模型的盖尔曼曾这样评价：

“量子力学路径积分形式比一些传统形式更为基本，因为在许多领域它都能应用，而其他传统表达形式将不再适用。”

路径积分只是研究量子物理的一种途径，为什么它会受到物理学家如此青睐，它的迷人魅力到底是什么呢？答案是：它可以更形象、更直观地分析量子力学与经典力学的联系，它能够体现物理体系的整体性质和时空流形的整体拓扑，而且在数学处理上也是相对来说最方便、最有效的。费曼图就是这种魅力的直接体现。

11.4 费曼图：物理学家的看图说话

在路径积分的研究中，费曼发明了一种用形象化的方法直观地处理各种粒子相互作用的图——费曼图。

费曼图只有两个坐标轴，横坐标代表“空间”，它把三维空间简化到一个轴上，纵坐标代表“时间”，所以也叫时空图。

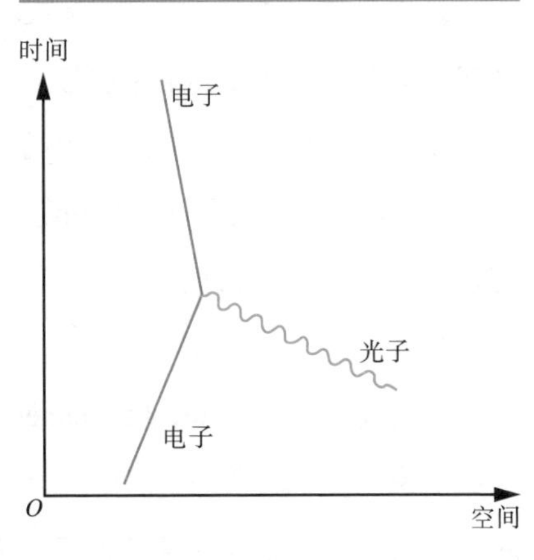

图 11-4　电子吸收光子的时空图

图 11-4 所示为一个电子吸收一个光子的时空图。电子在时空图上的运动用直线表示，光子的运动用波浪线表示。电子的运动虽然用直线表示，但并不是说它就沿直线运动，这条直线是表示电子从一点运动到另一点的概率振幅，而且它是所有可能路径的概率幅之和。同理，光子也是如此。

图中电子向右运动，在吸收一个光子后，动量受到光子影响，从而改变运动方向，开始向左运动。

图 11-5 所示为位于时空图上 1、2 两点的两个电子移动到 3、4 两点的物理过程。两个电子在相互接近过程中，由于电磁力的斥力作用，会被排斥开朝相反方向运动。它们在 5、6 两点交换一个光子，即一个电子

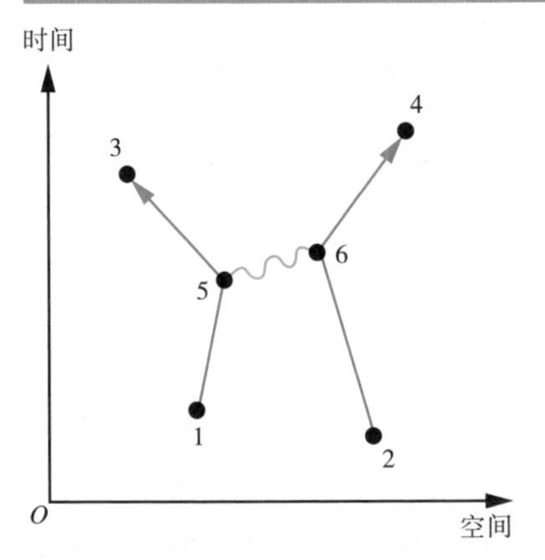

图 11-5　两个电子移动的时空图

位于 1、2 两点的两个电子相互接近，受到排斥作用后相互分开，移动到 3、4 两点。一个电子在 5 处发射一个光子，被另一个电子在 6 处吸收

发射一个光子被另一个电子吸收，这个光子我们是看不到的，所以叫虚光子。需要说明的是，5、6 两点在时空图上的位置是任意的，而且电子随时可能进行另一次光子交换，也就是说，电子可能交换两个、三个甚至更多的光子。如图 11-6 所示为把时间轴去掉后，大家更容易理解的电子位置变化图。

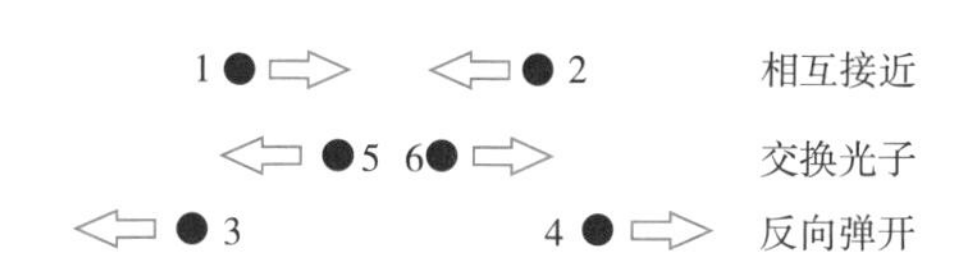

图 11-6　图 11-5 所示的两个电子空间位置变化示意图

费曼的神奇之处就在于，他把所有可能过程的概率通过路径积分计算得出后，竟然能和实验精确吻合。使用费曼时空图可以方便地计算出一个反应过程的跃迁概率，于是时空图成为描述粒子之间相互作用，直观表示粒子散射、反应和转化等过程的一种形象化的方法，受到众多量子物理学家们的喜爱，得到广泛运用。

费曼（Richard Feynman，1918—1988 年），美国犹太裔物理学家。从小学到中学，费曼就表现出过人的数学天分，被称为“数学神童”。1935 年，他进入麻省理工学院学习数学和物理，一入学就开始自学狄拉克刚刚再版的《量子力学原理》，书中的一句话成为他后来一生的信条，只要碰到棘手的问题，他就会习惯性地吟诵这句话：“看来这里需要全新的物理思想。”1939 年费曼本科毕业，毕业论文《分子中的力》发表

在《物理评论》上。毕业后他进入普林斯顿大学师从约翰·惠勒攻读研究生，1942 年获得理论物理学博士学位，1943 年进入洛斯阿拉莫斯国家实验室，参加了曼哈顿计划。费曼总是与众不同，原子弹试爆时，别人都戴墨镜观看，唯有他例外。费曼于 20 世纪 40 年代发展了用路径积分表达量子振幅的方法，提出了费曼图、费曼规则和重正化的计算方法，这些都是研究量子电动力学和粒子物理学不可缺少的工具。1951 年，费曼转入加州理工学院，其幽默生动、不拘一格的讲课风格深受学生欢迎。1961—1963 年，他为本科低年级学生讲授大学物理课程，讲义被编撰为风行世界的《费曼物理学讲义》。1965 年，费曼因在量子电动力学方面的贡献，与施温格、朝永振一郎一同获得诺贝尔物理学奖。

12 坚持决定论的隐变量理论

“哥本哈根解释”被大多数人所接受，并被视为量子力学的正统解释。不过并非人人都赞同“哥本哈根解释”，也有人提出了一些别的理论来挑战“哥本哈根解释”，隐变量理论就是其中之一。尽管这些理论受到的非议很多，但是怀疑是科学进步的动力，了解一些不同的声音也可以开阔思路，所以本章先介绍一下隐变量理论，其他几种理论在下一章再做简单介绍。

12.1 德布罗意的导波理论

玻尔和他的支持者指出，因为量子现象显然和日常经验相矛盾，所以如果不放弃因果关系就无法理解。对玻尔来说，从“可能”到“现实”的转换发生在观察行为期间，独立于观察者的基本的量子实在不存在。而爱因斯坦则不同意这种主张。他认为，量子力学作为一个统计理论来说也许是正确的，可是作为一个单独的基本过程来说，却是不完整的。对于爱因斯坦来说，相信一个独立于观察者的客观实在的存在是探讨科学的最基本前提。

信奉物理实在论者并非爱因斯坦一人。为了驳斥概率论，物理实在论者提出了一套隐变量理论，试图用确定性的物理实在论来解释双缝干涉实验中的波粒二象性的实验现象。他们认为，光子在穿过双缝屏之前一定存在着某些来自屏幕后方的隐藏的变量，将后面是否有接收屏的信息传递给光子，并控制光子以相应的方式穿过双缝。这就是所谓的“隐变量理论”。

隐变量理论是反对哥本哈根解释的，它的基础是决定论（也可叫因果论），它相信量子力学理论是不完整的，并且有一个深层的现实世界包含有关量子世界的其他信息。这种额外的信息是一种隐藏的变量，是看不见的，但是真正的物理量。确定这些隐藏变量就能得出对测量结果的准确预测，而不仅仅是得到概率。

德布罗意就持这种观点。1927 年 10 月，在第五次索尔维会议上，德布罗意宣读了论文《量子的新动力学》，提出一个替代波函数概率解释的方法，这个方法德布罗意后来称它为“导波理论”。在导波理论中，德布罗意认为，粒子和波的特性是同时存在着的，粒子就像冲浪运动员一样，乘波而来。在波的导航下，粒子从一个位置到另一个位置，它是有路径的。

可是在会上，德布罗意的导波理论遭到了泡利的猛烈抨击，让他无法招架。当德布罗意把求援的目光转向爱因斯坦并希望从这个唯一可能保持中立的人那里得到支持时，爱因斯坦保持了缄默，他可能觉得这个理论还有点粗糙，所以没有发言，这让德布罗意非常失望。几天后会议结束，爱因斯坦要回家了，也许是出于歉意，他拍着德布罗意的肩膀说：“要坚持，你的路子是对的。”爱因斯坦的鼓励并没有起到作用，德布罗意因为没有得到众人的支持而感到心灰意冷，没有再继续发展他的理论。

德布罗意的导波理论实际上就是一种隐变量理论。隐变量并非制导波本身——那已经在波函数的性质和行为中充分揭示了，隐藏的实际上是粒子的位置。但是导波理论还存在许多明显漏洞，无法使人信服，所以爱因斯坦即使想支持也没法开口，只好保持沉默。

12.2 玻姆的量子势理论

隐变量理论处在主流之外，所以支持者不多。美国普林斯顿大学的物理学家大卫·玻姆（David Bohm）在爱因斯坦的鼓励下，于 1952 年发表了两篇论文重新讨论了隐变量问题。玻姆的隐变量理论与德布罗意的导波概念多有共同之处，被看成是导波理论的逻辑发展结果。因此，玻姆的新发展常被称为德布罗意 – 玻姆理论。

在玻姆的理论中，波函数被重新解释为表达一种客观实在的场。玻姆假设存在一种实在的粒子，其运动嵌在场中，沿着实在的空间轨道，并且依照强加的“制导条件”，“受制”于相位函数。于是，每一个场中的每一个粒子具有精确定义的位置和动量，沿着相应相位函数决定的轨道运动。这样得到的运动方程不仅依赖于经典势能，还依赖于由波函数决定的另一种势能，玻姆称之为量子势。

按量子势理论，原则上我们能追踪每一个粒子的轨迹。但是由于我们无法确定每个粒子的初始条件，所以才只能计算概率。概率仍然联系着波函数的振幅，但这并不意味着波函数只有统计意义。相反，波函数被假设具有很强的物理意义——它决定了量子势的形状。

量子势理论虽然认为粒子的位置和动量原理上是可以精确确定的，但也承认测量仪器或测量过程对波函数有重要影响，因而会直接影响量子势，从而影响粒子路径。所以测量仪器仍然是关键，量子粒子通过装置的轨道取决于实验设置。在测量仪器对测量结果有决定性影响这一点上，玻姆理论与玻尔的主张实际并不冲突。

1979 年，C. Philippidis 等人对一组特定的实验参数计算了电子双缝实验的量子势图像，结果示于图 12-1。

图 12-1(a) 所示为从屏幕往回看双缝时的量子势，图 12-1(b) 所示为

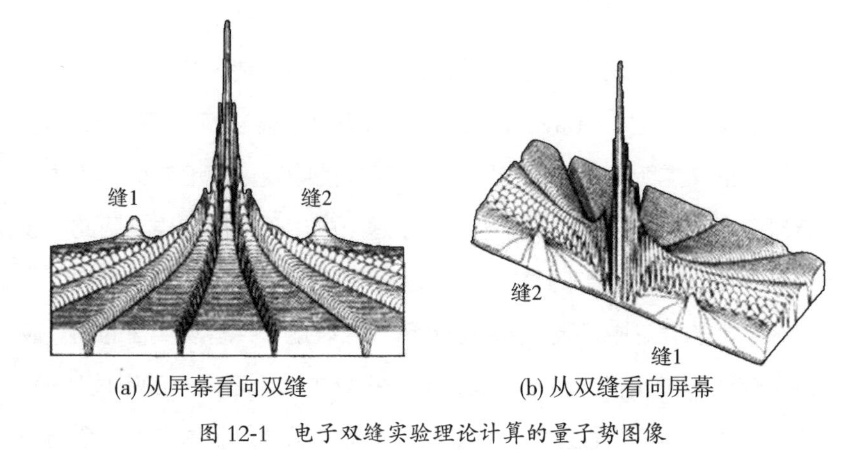

(a) 从屏幕看向双缝　　(b) 从双缝看向屏幕

图 12-1　电子双缝实验理论计算的量子势图像

从双缝前看屏幕时的图像。量子势在双缝附近区域呈现为一系列复杂的振动峰结构；在离缝较远处，衰减为平台和深谷结构，平台对应亮条纹，深谷对应暗条纹。对具有一定的量子势初始条件的电子，计算出的实际轨迹示于图 12-2。

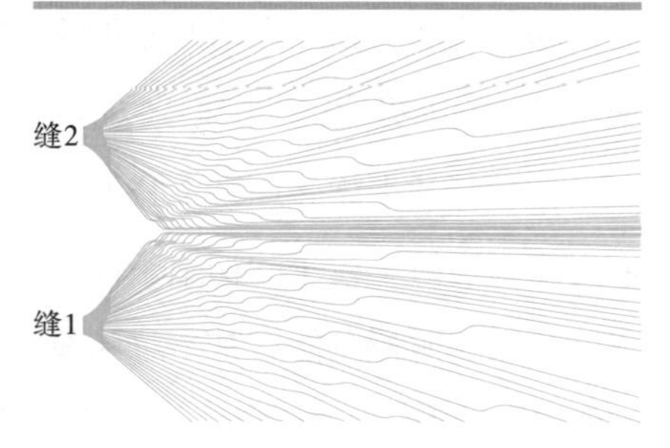

图 12-2　用量子势计算出的电子通过双缝的理论轨迹

图中显示，各条轨迹在离开每一缝隙后立刻发散，但它们互不相交。两个缝隙的轨迹在正中间有分界线，各占屏幕的一半。电子会沿图中的某一条轨迹运动，然后落在屏幕上。每个电子有不同的初始条件，所以它们各自沿着不同的轨迹到达屏幕，总的结果是屏上的干涉图像的形成。

“整体性”是量子势理论的核心。量子势实际上将空间里的所有东西看作一个不可分割的整体，任何测量仪器的变化都将导致整个量子势场的变化。量子势理论采取的是“自顶向下”的方法：整体比其局部之和具有大得多的意义，并且实际上决定着各个局部的性质和行为。

到了 20 世纪 80 年代，玻姆又将其理论进一步发展，提出了“隐序理论”。他认为，物理世界有确定的秩序，不过这些信息因为波函数“卷起”而隐藏，一切可被感知和加以实验的特征（显序）乃是包含在隐序里的潜在性的实现，此时波函数被“展开”。隐序不但包含这些潜在性，而且决定着哪一个将被实现。在此，波函数的卷起和展开活动是最基本的。波的性质和粒子的性质在波函数不断地卷起和展开中得到体现。

隐变量理论并非当前量子物理的主流思想，因为第 15 章提到的实验会使隐变量理论受到严重挑战，甚至可以说已经证明了该理论是错误的！即便如此，我还是把这一章写了出来，因为这是很多人在思考量子力学时都可能会想到的一种情况。另外，隐变量理论将来是否会出现新的更好的模型还不得而知。总之，这种理论的发展道路必定会困难重重。

13 量子力学的其他解释

波函数坍缩属于正统的哥本哈根解释，但它历来是科学家们争论的焦点，因为它实在是令人难以理解。没有证据表明波函数坍缩是一种实在的物理过程，这只是人为引入的一种解释实验现象的手段：一个量子系统在测量之前处于各种状态的叠加态，只有进行测量才能显示出其中一种状态，其他的状态瞬间消失。对于那些难以理解的量子实验现象，这样的解释看似合理，但似乎又经不住推敲：最后坍缩的那一瞬间，到底是什么在起作用使它选择了其中一种状态呢？

13.1 意识论：我思故我在？

在 1927 年的第五次索尔维会议上，狄拉克认为，波函数坍缩是自然随机选择的结果，而海森堡则认为它是观察者选择的结果。玻尔似乎同意狄拉克的观点，他在 1931 年曾说过："我们必须在很大程度上使用统计方法，并谈论自然在一些可能性中间进行选择。"

更惊人的想法来自于"计算机之父"——美籍匈牙利学者冯・诺依曼（John von Neumann）。1932 年，诺依曼出版了经典的量子力学教科书《量子力学的数学基础》，书中明确地给出了波函数坍缩这个概念，并且认为导致波函数坍缩的可能原因是观察者的意识。诺依曼认为，量子理论不仅适用于微观粒子，也适用于测量仪器。于是，测量仪器的波函数也同样需要"别人"来坍缩，而由于观察者所意识到的测量结果总是确定的这一事实，因此只有意识才能最终坍缩波函数而产生确定的结果。

意识坍缩波函数类似于“我思故我在”，这一带点唯心主义的观点受到了一些人的追捧，还不断地在此基础上发展出一些新的理论。

1939 年，伦敦和鲍厄撰文介绍意识论，在他们看来，只有观察者才能够支配一种特有的内省本领，即观察者能够立即说明他自己的状态，而正是依靠这种内在的认识，观察者才能够产生一种确定的客观性，从而使叠加的波函数坍缩。

维格纳于 20 世纪 60 年代再次发展意识论，他认为，有意识的生物在量子力学中的作用一定与无生命的测量装置不同。维格纳进一步建议，考虑到意识对波函数的特殊作用，量子力学中的线性薛定谔方程必须用非线性方程来代替。

意识论当然也遭到了很多人的反对，不少学者开始试图寻找导致波函数坍缩的其他原因，比如从热力学角度考虑，或者建立动态坍缩模型。

13.2 热力学不可逆过程

1949 年，德国学者约尔丹（P. Jordan）撰文指出，波函数坍缩过程不是观察者的意识作用，而必定是一个真实的宏观物理过程。他指出，在每一种测量中，微观粒子都要留下宏观尺寸的踪迹，因此，解决坍缩问题的关键一定在热力学中，而坍缩本身就是一种热力学不可逆过程。

20 世纪 50 年代，路德维希进一步发展了约尔丹的想法。他认为，测量仪器是一个处于热力学亚稳态的宏观系统，在受到微观系统的扰动时能向一个热力学稳态演化，从而导致一个确定的测量结果的出现。因此，波函数坍缩是一种由微观事件触发的热力学不可逆过程。海森堡当时也表达了同样的看法，即只要量子测量从可逆过程转变成热力学不可逆过程，波函数坍缩就会发生。

然而，为了利用热力学不可逆过程来解释波函数坍缩，必须首先说明薛定谔方程所规定的可逆过程在宏观极限情况下如何能演变成表征测量的不可逆过程，而已有的理论都未能做到这一点。

13.3 退相干理论

为了解决波函数为什么会坍缩的问题，有的物理学家又提出了退相干理论。所谓“退相干”，顾名思义，就是指相互干涉作用的退去，也就是说，量子叠加态不同部分间的相位关系的退去。根据退相干理论，当被测系统与测量仪器和外界环境相互作用后，就会发生退相干过程，产生实际观察到的结果，从叠加态变为确定态。

人们认识到，最初形成的量子观点仅适用于孤立的封闭系统，然而宇宙中没有任何物体是完全孤立的，宇宙中总有一些粒子存在，至少有光子存在，因此不考虑外部环境的作用似乎是不现实的。于是提出了这样的观点：自然界中宏观量子干涉效应的缺乏，是由于周围环境造成的退相干效应的存在，经典性是量子性退去相干性的结果。这就是退相干思想的由来。

根据退相干理论，相干叠加态只有在与世隔绝的情况下才能够一直维持下去。然而事实上，除了宇宙本身以外，每个真实的系统，不论是量子的或是经典的，从不近似的孤立，都与外部环境密切联系，是开放的系统。外部环境可以是空气中的分子、原子，也可以是辐射中的光子。它们就像一个个“观测者”，不断和处于量子叠加态的系统发生耦合作用。这种不可避免的耦合作用会导致系统的相位关联不可逆地消失，从而破坏系统的量子叠加性，促使系统的波函数坍缩到某个确定的经典态。

简单来说，一个与环境隔绝的量子系统处于纯态的叠加态，但它一旦接触外部环境，它与环境的相互作用就将破坏它的叠加态，这就是环境使系统发生退相干。

还以我们一直研究的双缝衍射为例，一个电子的状态是穿过缝 A 和穿过缝 B 两种状态的叠加态，但一旦你进行观察，在光子的作用下电子的叠加态会退相干，于是屏幕上的图案就会发生改变。

退相干理论中有一个参数叫退相干时间，就是体系从量子态演变为经典态的时间。退相干时间与研究对象的大小和环境中的粒子数有关。

一个半径 10^{-8}m 的分子在空气中的退相干时间约为 10^{-30}s；如果把空气抽去，则能延长到 10^{-17}s；如果把这个分子放在星际空间，它在那里只能与宇宙微波背景辐射相互作用，估计能延长到 30000 年。而对于一个半径为 10^{-5}m 的尘埃颗粒，即使在星际空间，其退相干时间也只有 1μs。

另外，如果环境中有大量粒子存在，则退相干时间也会非常非常短，可以认为是瞬时完成。电子在遇到屏幕时，屏幕上的大量粒子会使电子瞬时退相干，于是我们就会测量到一个落点。这就解释了波函数为什么会坍缩。

退相干理论为量子世界和经典世界提供了一座桥梁，更重要的是，该理论指出波函数坍缩是系统与环境作用的结果，用不着测量仪器和人为意识的介入，这一点是使该理论受到部分物理学家追捧的原因。

但是退相干理论并没有从本质上解决测量问题，它可以说明为什么特定的对象在受到观察时会表现为经典的测量结果，但不能说明它是如何从众多的可能结果转变为一个特定结果的。换句话说，退相干理论并不能取代波函数坍缩假设来解决测量问题，它本身无法说明为何一次特定的测量会得到某个特定的结果而不是另一个。可以说，退相干理论是波函数坍缩解释的现代扩展版本。

13.4 GRW 理论

GRW 理论是由三位意大利学者 G. C. Ghirardi，A. Rimini 和 T. Weber 最先提出来的，所以用他们的姓名首字母作为该理论的名称。

该理论也是对于波函数坍缩的修正，其核心思想就是波函数坍缩既不需要“测量者”参与，也不牵涉到“意识”，它只是基于随机过程，所以也称为自发定域理论。

GRW 理论的主要假定是，任何系统，不管是微观还是宏观的，都不可能在严格的意义上孤立，它们总是和环境发生着种种交流，于是就会被一些随机的过程所影响，这些随机的物理过程所产生的微小扰动会导致系统从一个不确定的叠加状态变为在空间中比较精确的定域状态，也就是说，波函数坍缩是一种自发的从叠加态变为定域态的过程。

GRW 理论的缺点是引入了新的物理常数，包括触发定域化的最小距离以及自发定域化的频率。引入新的常数总是令人心中不太踏实。另外，该理论还存在种种难以自圆其说的地方，所以也是步履维艰。

13.5 多世界理论：人人都能创造平行宇宙

除了修正波函数坍缩过程的努力，更有的物理学家根本不赞同波函数坍缩这一观点，于是他们千方百计地想出别的理论来取而代之。

相信不少人都听说过平行宇宙、多重宇宙、多重世界等说法吧。你是否能想象有无数多个世界里都有你的身影，你从出生那天起，从第一声啼哭是否被旁人听见开始，你就不断地把世界分裂成无数个分支，于是世界上所有的人也就得跟着分身，就得陪着你在这不同的世界里生活，而你也得在别人分裂出的世界里不断复制自身……简直乱得一塌糊涂。你是不是以为我在胡言乱语？这可不是我说的，这就是最受科幻迷们追捧的量子物理新理论——多世界理论。这个理论的始作俑者叫艾弗雷特（Hugh Everett），然后不断地有人发展，最后居然成了热门理论。看来为了解释量子现象，物理学家们已经到了“饥不择食”的地步了。

艾弗雷特从小就对宇宙感兴趣，他 12 岁的时候就给爱因斯坦写信问了一些关于宇宙的问题，爱因斯坦给他回信进行了解答。

1953 年，艾弗雷特毕业于美国天主教大学化学工程系，获得奖学金进入普林斯顿大学读研。一开始他进的是数学系，但他很快就设法转入物理系，成为惠勒的学生（和费曼师出同门），研究量子力学。

艾弗雷特对波函数坍缩百思不得其解，于是干脆直接否定了它：根本不会发生波函数坍缩。

1957 年，艾弗雷特在他的博士论文中提出了量子理论的多重世界诠释。他提出一个“相对状态”公式，并说明用他的所有量子状态都可能存在的假定也可以得出对量子力学实验结果的预测。他的理论是，所有孤立系统的演化都遵循薛定谔方程，但波函数坍缩从不发生。在他看来，被测系统、测量仪器和观察者都有自己的波函数，也都存在各种状态，于是这三者构成的整体也就存在各种叠加态，这些叠加态中每个状态都包含一个确定的观察者态、一个具有确定读数的测量仪器态，以及一个确定的被测系统态，因此，在每一个状态中的观察者都会看到一个确定的测量结果，这样，在这个状态中波函数坍缩看似已经发生，其实是因为他们不知道其他平行状态的存在而已。实际上从整体来看，波函数并没有坍缩，它仍然在各种平行状态中发展着。

简单来说，就是波函数的每一种可能状态都会发展下去，不会因为你的观察而消失，而每一种状态都需要一个世界供它发展，于是就需要无数个平行的世界。就比如电子双缝干涉实验，电子在所有亮条纹处都有出现的概率，但你发射一个电子它只会有一个落点。它为什么偏偏会落到这一点呢？当你苦苦思索时，艾弗雷特会微微一笑，告诉你，别想了，在这个世界里电子落在这一点，但在另一个世界里它落在另一点，不过只有那个世界里的你和我才能看到，在第三个世界里它又落在另一点，不过也只有第三个世界里的你和我才能看到……总之，电子所有可能的落点都会分裂出一个世界，也只有那个世界里的你和我会看到它落在哪里。

宇宙就是一个孤立系统，这样，因为你做了一次电子双缝干涉实验，宇宙就分裂成无数个平行宇宙，这么看来，我们人类每时每刻都在不断地创造着新的宇宙。这个说法真是太怪诞了！为了一个小小的电子落点问题，我们竟然要兴师动众地牵涉整个宇宙的分裂！

得克萨斯大学的布莱斯·德威特在刚接触这个理论时，曾将其斥为“彻头彻尾的精神分裂症”，但令人费解的是，后来德威特却成了该理论最积极的鼓吹者之一。

对于信奉多重世界理论的人来说，也许不必为世界上任何事难过。比如他有一条宠物狗，有人开枪打死了它，多世界者会说，没关系，我的狗在子弹打偏的世界里照样活得好好的。他们真能这么潇洒吗？

实际上，从多重世界理论很容易就会推出一个怪论：一个人永远不会死去！在死和活的不断分裂中，总有一个分支是活，所以人总在某个世界中活着。这个怪论被美其名曰为“量子永生”。以此看来，战场上的士兵也不必害怕敌人的子弹了，即使在这个世界中弹了，在另一世界却不会中弹，还会继续活下去。怎么感觉越来越像神学了？

艾弗雷特博士毕业后就离开了物理领域，于 1982 年去世。他育有一子一女，遗憾的是，他的女儿在 1996 年自杀，她在遗书中写道，她要去和她父亲在另外一个平行宇宙中相会了。他的儿子 2007 年接受 BBC 采访时表示：“父亲不曾跟我说过有关他的理论的片言只语……他活在自己的平行世界中。”

多世界解释否定了一个单独的经典世界的存在，而认为宇宙是一种包含有很多世界的实在，它的演化是严格决定论的。然而，有一个问题确使多世界信奉者苦恼：为什么我们只能感知到确定的经典世界，而没有感知到其他的叠加态平行世界呢?

他们只能这样安慰自己:由于退相干的存在,每个平行世界里的自己看到的世界都是退去叠加态的世界,也许在另一个平行世界中的自己也在为为什么感知不到这个世界里的自己而苦恼,所以对于人类来说,永远不会看到其他平行世界分支,只能在我们自己的世界里生活。

这样,退相干理论解答了上述问题,从而成为了多世界解释中一个必不可少的组成部分。但是,还有一个更让人苦恼的问题:如果全世界60亿人每时每刻都在不停地分裂着宇宙,哪有地方容纳如此多的宇宙呢?即使用多维宇宙来解释,也让人无法信服。

总的来说,我个人认为用宇宙分裂来代替波函数坍缩,属于误入歧途。难怪有物理学家评价说,多世界的假设很廉价,但宇宙付出的代价却太昂贵。

14 人类和光子的博弈

人类的好奇心是永无止境的，物理学家们绞尽脑汁地想方设法想要知道波粒二象性的奥秘，他们又设计了几个单光子的实验，希望“迷惑”光子从而发现它的运动路径。可是结果是，光子不但没被我们迷惑，反而把我们弄得更加迷惑了。

14.1 单光子偏振实验

我们在第 5 章和第 9 章中介绍过一些偏振光的知识，但此处还需更深入地了解一下。

同一方向上传播的两列频率相同的线偏振光可以合成圆偏振光，圆偏振光又可以分为左旋和右旋两种（注）。

注：同一方向上传播的两列频率相同的线偏振光，如果它们的振动方向互相垂直，并具有固定的相位差，则根据相位差的不同，它们合成的光振动矢量末端的轨迹可以是直线、椭圆或圆。如果相位差是 0°或 180°，则合成的还是线偏振光；如果相位差是 ±90°，则合成的是圆偏振光；除此之外是椭圆偏振光。对于椭圆偏振光或圆偏振光，人们规定，迎着光线看时，如果光矢量顺时针旋转，则称为右旋偏振光；如果光矢量逆时针旋转，则称为左旋偏振光。

在自然界中也可以产生光的偏振现象，比如自然光通过某些晶体后，就可以观察到光的偏振现象。光通过晶体后的偏振现象是和晶体对光的双折射现象同时发生的。把一块透明的方解石（化学成分是 $CaCO_3$）晶片放到纸上，会看到一个字呈现双像（见图 14-1），这说明光进入方解石后分成了两束。这种折射光分成两束的现象称为双折射现象。

图 14-1　方解石的双折射现象

研究表明，用圆偏振光射入方解石，发生双折射后会被分解成两束相互垂直的线偏振光，两束光的强度各为原来的一半。现在，如果拿一块同样的方解石晶体反向放置，就可将竖直和水平线偏振光重新组合，从而重构圆偏振光，这样的重构已经在精密的实验中实现（见图 14-2）。

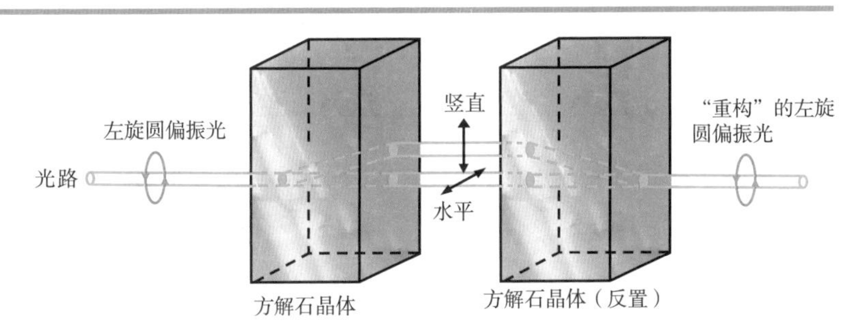

图 14-2　方解石对圆偏振光的分解和重构示意图，将一束左旋圆偏振光射入方解石，光子在第一块方解石中被分解成两束相互垂直的线偏振光，在第二块反向放置的方解石中重新组合为左旋圆偏振光。即使只射入一个光子，最后出来的也是左旋圆偏振光子

现在我们来做一个实验，如果把通过晶体的光强降低到非常低的水平，每次只通过一个光子，那么从两块晶体后出来的光子是线偏振光子还是左旋圆偏振光子呢？实验结果显示，它是左旋圆偏振光子！太难以置信了，难道光子能分成两半再重新组合吗？

再来一个更绝的实验，我们在两块晶体之间插入一块挡板，把水平线偏振光的光路挡住，还是通过一个光子，这时就不会产生左旋圆偏振光子了，出现的是一个竖直偏振光子（见图 14-3）。同理，如果挡住竖直线偏振光路，就会出来一个水平偏振光子。

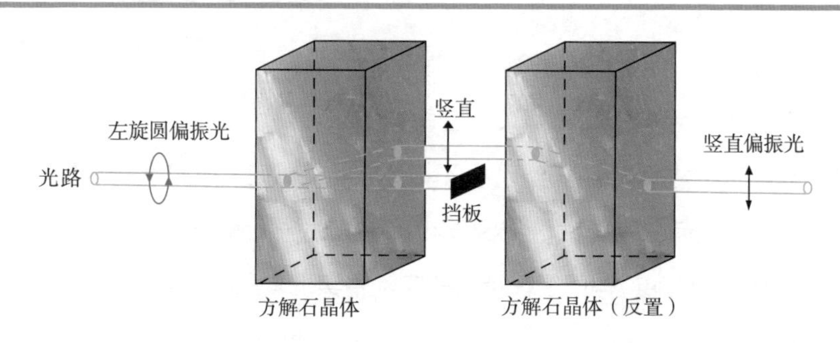

图 14-3　如果插入一块挡板挡在水平偏振光的光路上，射入一个光子，最后出来的光子是竖直偏振光子

从两个实验综合来看，同样是一个光子，但是它好像“知道”两条光路的通畅情况并受其影响。

光子的行为是与我们的常识所违背的，我们只能根据路径积分理论，认为光子可以探测到所有路径，从而决定自己的行为。除此之外，看来别无他法。可是，光子是怎么探测到所有路径的呢？

14.2　单光子广角干涉实验

1992 年，新墨西哥大学的物理学家们成功进行了单光子的广角干涉实验，让人们对波粒二象性的神奇又有了新的认识。

如图 14-4 所示，用激光器激发染料分子 S 发射出固定波长的光子，控制实验条件，可以保证 S 每次只发射一个光子。反射镜 M_1 和 M_2 放置在两个几乎完全相反的方向（θ 接近 180°）。图中画出了从经典物理角度来看光子的两条可能路径，路径 1 和 2 分开的角度远远大于双缝实验（双缝实验中射向两个狭缝的光路夹角非常小）。

经过 M_1 和 M_2 反射后，沿着路径 1 和路径 2 传播的光在分束器处相遇。分束器是一种光学器件，它能使入射到它上面的光一半透射一半反射。如果光同时沿路径 1 和路径 2 传播，那么在分束器右侧，沿路径 2 传播而被反射的光和沿路径 1 传播而从分束器透过的光就会叠加起来，在到达接收器时发生干涉，显示出干涉图样。

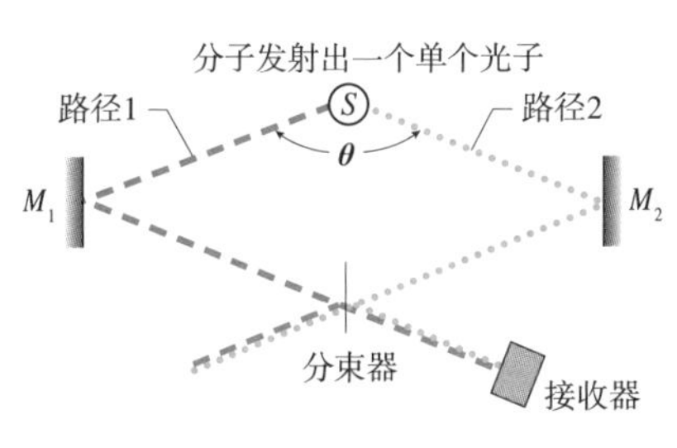

图 14-4 单光子广角干涉实验示意图

在该实验中，由染料分子 S 辐射出一个光子，该光子有两条可能的路径，分别用虚线和点线来表示。在分束器处，点线有一半反射到接收器上，虚线有一半透射到接收器上，于是在接收器上发生干涉。实验显示，即使只有一个光子，它也能“通过”两条路径从而发生干涉

如果同时发射大量的光子，出现干涉图样也许不会让我们惊讶，因为我们会认为光子有的走路径 1，有的走路径 2，通过分束器时路径 1 的光子有一半透射，路径 2 的光子有一半反射，所以会叠加起来产生干涉，并不难理解。

可是，实验中每次只发射一个光子，结果显示，随着光子一个个地打在接收器上，居然也会出现干涉图样！

由于每次只有一个光子，而且两条路径是远远分开的，用传统观念是很难理解这个实验的。因为假如说按经典路径观点来看，这一个光子是同时沿着两条几乎相反的路径行进然后自己跟自己干涉的，这怎么可能呢？

为了探究光子的运动方向，实验者想到了通过测量分子的反冲动量

来判断光子发射方向的办法，但是由于不确定原理，分子的反冲动量无法精确测量，所以还是无法判断光子到底是怎么运动的。

从某一瞬间来看，光子就是一个粒子，不会是波，也不会分成两半，但最后它的概率分布却符合波的规律，其中有何奥妙，真是令人百思不得其解。

14.3 单光子延迟选择实验

前面所列举的实验中，实验设置都是固定的，这可能会让光子有所“准备”。于是人们想到，能不能先不固定实验设置，我们把测量所需的装置准备好，加上一个转换开关，等光子走完大半路程即将到达终点之际再决定是要测量它的波动性还是粒子性。物理学家把这种方案称为延迟选择实验。

这个想法太毒辣了，光子能过了这一关吗？你一定想知道是谁这么狠，能提出这样的方案。不是别人，就是费曼和艾弗雷特的导师惠勒。1979 年，他提出了延迟选择实验的明确思路。随后几十年中，他的思想实验变成了现实，物理学家们成功进行了多种延迟选择实验。

延迟选择实验原理同上述单光子广角干涉实验差不多，不过在这儿两条路径成直角（见图 14-5）。

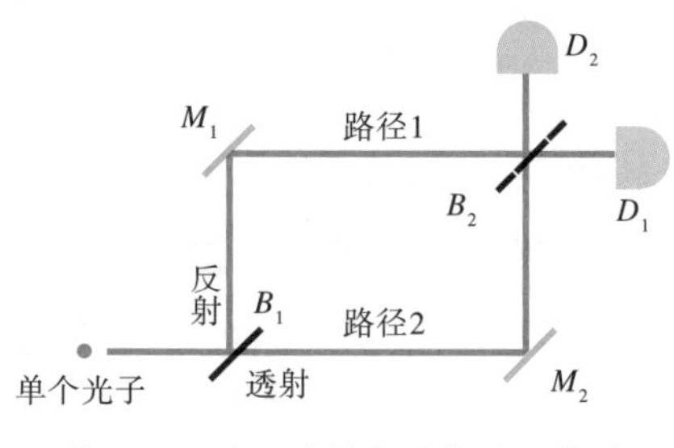

图 14-5　延迟选择实验装置示意图

这个装置叫马赫 - 曾德干涉仪，其中 B_1 和 B_2 是分束器，D_1 和 D_2 是单光子探测器，M_1 和 M_2 是全反射镜。光子经过分束器 B_1，可以概率性地走路径 1 或路径 2，在分束器 B_2 上两路光进行干涉。干涉后的光子，通过单光子探测器记录光子数及其变化情况这个实验中仍然每次只发出一个光子，分以下四种情况观测。

第一种情况：不放置分束器 B_2。

结果：单个光子出发后，或者被 D_1 探测到，或者被 D_2 探测到。对于大量光子的统计结果显示，D_1 和 D_2 会各探测到光子总数的一半。这种情况下，我们可以认为 D_1 探测到的光子沿路径 1 而来，D_2 探测到的光子沿路径 2 而来。也就是说，可以判断光子通过哪条路径，光子呈现粒子性。

第二种情况：放置分束器 B_2。

通过路径 1 来的光有一半会被反射到 D_2，另一半则会直接透射到 D_1。而通过路径 2 来的光有一半会被反射到 D_1，另一半则会直接透射到 D_2。通过仔细摆放 B_2 可以使两束射向 D_2 的光发生相消干涉，彼此抵消，而两束射向 D_1 的光发生相长干涉，彼此加强。

结果：单个光子出发后，只能被 D_1 探测到，而不会被 D_2 探测到。对于大量光子的统计结果显示，所有光子都会被 D_1 探测到。这种情况下，每个光子好像都是同时沿着两条轨迹运动，然后自己与自己发生干涉。也就是说，无法判断光子通过哪条路径，光子呈现波动性。

第三种情况：延迟放置分束器 B_2。已经知道，如果不放置 B_2，则可判断光子路径；如果放置 B_2，则无法判断。现在我们进行延迟选择实验。光子出发后，按光速计算它到达分束器 B_1 的时间，等它通过 B_1 后，再来随机决定是否放置 B_2。也就是说，等我们做出决定时，光子已经离开 B_1 很远了，但是它到 B_2 还有点距离，它还在途中。

结果：单个光子出发后，在它已经通过 B_1，还没到达 B_2 之前，突然插入 B_2，这时光子只能被 D_1 探测到，显示波动性。如果不插入 B_2，结果和上述第一种情况一样，显示粒子性。

这个结果实在是太匪夷所思了。光子的运动方式可以由人为测量而改变：在它到达终点之前不插入 B_2，它就会沿两条路径之一运动，显示粒子性；如果插入 B_2，它就同时经过两条路径，显示波动性。在你插入 B_2 之前，虽然看起来它已经通过了 B_1，但实际上一切都是不确定的。

第四种情况：放置分束器 B_2，但用挡板把 B_1 和 M_2 之间的路径挡住，使光子无法从路径 2 通过。

结果：现在光子只有路径 1 可走，于是从路径 1 到达 B_2 的光子有 50%的机会透射，还有 50%的机会被反射，两个探测器都可能探测到光子，干涉消除了，光子成为沿着特定路径运动的粒子。

如果你认为这个实验延迟得还不够，那么下一个实验一定会使你心服口服。

惠勒（J.A.Wheeler，1911—2008 年），美国物理学家。1933 年，惠勒博士毕业一年后，来到丹麦哥本哈根，在玻尔的指导下从事核物理研究。他与玻尔一起发展出原子核分裂的“液滴模型”，为后来的原子弹制造打下了基础。1941 年，惠勒参与了“曼哈顿计划”，成了第一位研究原子弹的美国人。1969 年，惠勒在纽约的一次会议上创造了“黑洞”一词，从此传播世界。他还创造了诸如“虫洞”和“量子泡沫”等词汇，成为物理学中的重要术语。1979 年，他在普林斯顿大学纪念爱因斯坦 100 诞辰周年讨论会上正式提出延迟选择实验的构思。作为一位出色的教育家，惠勒对于教育有特殊的理解。“大学里为什么要有学生？”惠勒说，“那是因为老师有不懂的东西，需要学生来帮助解答。”

14.4 量子擦除实验

上述延迟选择实验是让光子通过 B_1 后来选择测量粒子性还是波动性，如果能让光子通过 B_2 后再来选择，那就更刺激了。而物理学家们居然真的做到了这一点。

1982 年，美国物理学家在延迟选择实验思想上提出了一种“量子擦除”实验构想。1992 年，加州大学伯克利分校的保罗·科威特、埃弗雷姆·施坦格和雷蒙德·乔完善了这一装置并实现了这个实验。量子擦除实验比较复杂，其简单的原理示意如图 14-6 所示。

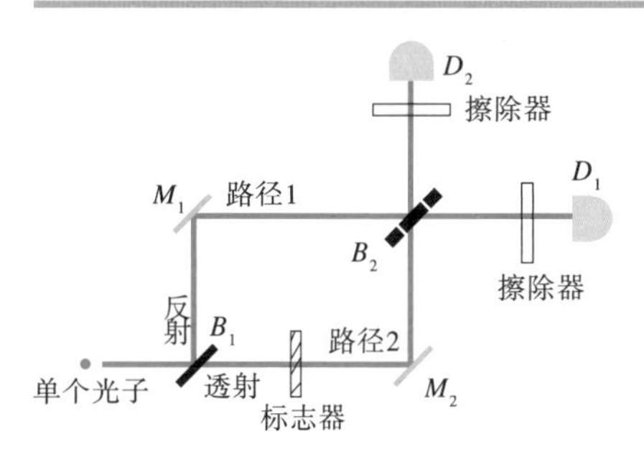

图 14-6　量子擦除实验装置示意图

量子擦除实验是在单光子延迟选择实验基础上的改进，它在其中一条路径上加了一个起偏器（此处称为标识器），然后在光子通过标识器后随机决定是否在探测器前加消偏器（称为擦除器）

该实验仍然每次只有一个光子。通过路径 2 的光会经过一个“标识器”，它是一台起偏器，会把从路径 2 经过的光子标记上偏振信息。在分束器 B_2 与探测器 D_1 和 D_2 间放置用来消除“标识器”所作标记的装置，它们是两台消偏器，称为“擦除器”。因为路径信息被存储在光子的偏振态中，可以用消偏器去掉。

实验结果显示，如果只有标识器而没有擦除器，干涉就会消失。之所以这样，是因为如果只有标识器，从路径 2 经过的光子会带有偏振信息，无法和路径 1 的光干涉。但是令人震惊的是，如果既存在标识器，又存在擦除器，干涉将会再次出现！加上擦除器之后，尽管从路径 2 经过的光带有偏振信息，但在到达最终的探测器之前，偏振信息就已经被清除了，于是干涉就会再次产生。

要知道，擦除器是在 B_2 的后边，光子如果要干涉只能借助 B_2 来实现，现在已经过了 B_2，本应无法干涉了，居然因为加了个擦除器而继续干涉，这实在是太不可思议了！看来，虽然光子处于半路上，但只要前方发生变化，它立刻就能“探测”出从起点出发以来的所有可能路径从而重新决定它最终的落点。难道它发现偏振信息被擦除后能重新选择历史路径吗？难道时间会倒流吗？

幽灵般的超距作用：纠缠态之谜

爱因斯坦可以说是量子力学的奠基人之一，但是他对概率论和不确定原理却持反对态度。为了证明量子力学是不完备的，他想方设法地设计各种思维实验来考验量子力学。他发现在量子力学的某些情况下，将两个粒子分离至任意远的距离，对一个粒子的测量能瞬间改变另一个粒子的状态，这种改变并不受光速的限制。爱因斯坦认为这是绝对不可能的，称之为“幽灵般的超距作用”，以此来证明量子力学是不完备的。那么，结果到底如何呢？

15.1 玻尔与爱因斯坦过招

爱因斯坦是量子理论的创立者之一，但他却是坚定的决定论信奉者（参见 7.6 节），他坚信“上帝不会掷骰子”，他认为量子力学的哥本哈根解释是不完备的，概率论和不确定性只是因为人们没有能力了解自然的深层规律，而并非自然界本身是不确定的。

爱因斯坦看不惯概率论，于是对它发起了强有力的攻击。他用他那天才的头脑设计了好几个思维实验，企图找出其中的漏洞。作为哥本哈根解释的领军人，玻尔不得不迎难而上，见招拆招，两人的论战也成为物理史上的一段佳话。

20 世纪初，比利时富翁、发明纯碱制造方法的化学工业家欧内斯特·索尔维转向物理研究，“发明”了一种关于引力与物质的学说，可是没人对此感兴趣。1910 年，德国著名化学家能斯特给索尔维出了个主意：

如果出资召集最伟大的物理学家们开一次研讨会，就会有人聆听他的理论了。索尔维大喜，真是个好主意！于是史上著名的索尔维会议应运而生。

1911 年 10 月末，第一次索尔维会议在比利时首都布鲁塞尔举办。当时最著名的物理学家都收到了邀请，其中包括爱因斯坦、普朗克、居里夫人、洛仑兹等人。有人出钱让大家聚在一起开会探讨科学前沿问题，何乐而不为呢？于是所有人都参加了。

物理学家们虽然对索尔维的“学说”仍旧不感兴趣，但是他们就他们感兴趣的话题——量子论进行了热烈的讨论，这次会议取得了巨大的成功。在洛伦兹的帮助下，索尔维于 1912 年 5 月创建了一个有效期 30 年的基金组织，定名为国际物理学协会。此后，索尔维会议每隔 3~5 年举办一次，成为当时物理学家们的盛会。

1927 年，在第五届索尔维会议上（前面已经多次提到这次会议，图 15-1 为该次会议的与会者合影），爱因斯坦和玻尔之间的大论战拉开

图 15-1　第五次索尔维会议与会者合影

普朗克、居里夫人、洛仑兹、爱因斯坦在第一排，狄拉克、德布罗意、玻恩、玻尔在第二排，薛定谔、泡利、海森堡在第三排，你能找到他们吗？

了帷幕。在大家吃早餐时，爱因斯坦抛出了一个思想实验，在双缝干涉实验中，把双缝吊在弹簧上，于是，他认为可以通过弹簧测量粒子穿过双缝时的反冲力，从而确定粒子到底通过了哪条缝。

玻尔花了一整天的时间考虑，到晚餐时，他指出了爱因斯坦推理中的缺陷：爱因斯坦的演示要管用，就必须同时知道两个狭缝的初始位置及其动量，而不确定原理限定了同时精确测定物体的位置和动量的可能性。通过简单的运算，玻尔能够证明，这种不确定性将大到足以使爱因斯坦的演示实验失败。第一次过招，玻尔胜了。

1930 年，在第六届索尔维会议上，爱因斯坦卷土重来，向不确定原理发起挑战。

前面已经介绍过，位置和动量具有不确定关系，后来人们发现，时间和能量也存在不确定关系。如果在某一时刻 t 测量粒子的能量 E，那么不确定度满足以下关系：

$$\Delta t \cdot \Delta E \geqslant \frac{h}{4\pi}$$

此式表明，若粒子在某一能量状态 E 只能停留 Δt 时间，那么，在这段时间内粒子的能量并非完全确定，它有一个弥散范围，只有当粒子在某一能量状态的停留时间为无限长时，它的能量才是完全确定的。也就是说，时间和能量不能同时精确测量。

爱因斯坦抛出这样一个思想实验。假设有一个密封的盒子，盒子里有放射物，事先称好盒子的质量。由一个事先设计好的钟表机构开启盒上的小门，使一个光子逸出，再测盒子的质量。两次测得的质量差，刚好是光子的质量。根据 $E=mc^2$，就能算出光子能量。由于时间测量由钟表完成，光子能量测量由盒子的质量变化得出，所以二者是相互独立的，测量的精度不应互相制约，因而能量与时间之间的不确定原理不成立。

玻尔惊呆了，一整天都闷闷不乐，他说，假如爱因斯坦是对的，物理学的末日就到了。经过彻夜思考，他终于在爱因斯坦的推论中找到了一处破绽。

第二天，玻尔在黑板上对光盒实验进行了理论推导，而他用的理论竟是广义相对论的引力红移公式，盒子位置的变化会引起时间的膨胀，经过推导，他竟然导出了能量与时间之间的不确定关系式（见图 15-2）。玻尔用相对论证明了不确定原理！可以说，不确定原理更让人信服了。

这一回合，爱因斯坦被玻尔用自己的成名绝技击倒，他一定非常郁闷。

1933 年的第七届索尔维会议，爱因斯坦也参加了。他听了玻尔关于量子论方面的发言，没有发表任何评论。玻尔暗自松了一口气，以为爱因斯坦终于认输了。殊不知，爱因斯坦头脑中已经开始规划一记重拳，他给另一位物理学家透漏了一点想法，但他并没有把问题抛给玻尔。也

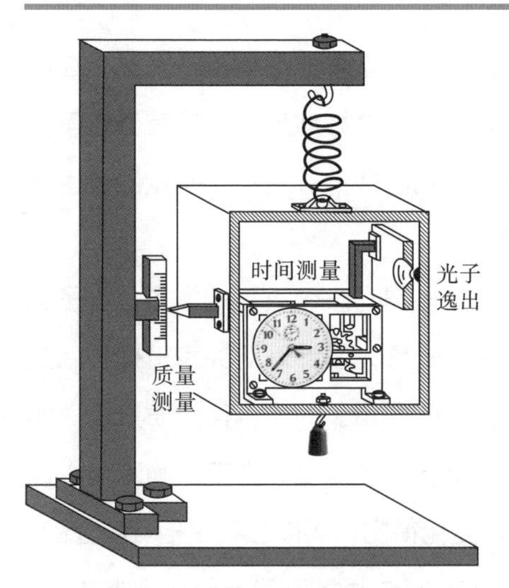

图 15-2 玻尔画的爱因斯坦光盒

1962 年，玻尔去世，他在黑板上留下的最后一幅图就是左边这幅爱因斯坦光盒的草图

许他要完善思路，然后等待时机，一击致命。

15.2 EPR 佯谬：纠缠态登场

希特勒上台后，爱因斯坦离开了德国。1933 年 10 月，他漂洋过海，到美国普林斯顿大学任职。在此，他终于击出了那记筹划已久的重拳。

1935 年 5 月，爱因斯坦和他的两位同事波多斯基 (Podolsky)、罗森 (Rosen) 合写的一篇论文《量子力学对物理实在性的描述是完备的吗？》发表在《物理评论》上，这篇论文的观点后来以三位作者的首字母 EPR 而被人们称为 EPR 佯谬。

爱因斯坦在 1935 年致薛定谔的信中说明了这篇论文的由来：

“因为语言问题，这篇论文在长时间的讨论之后是由波多斯基执笔的。我的意思并没有被很好地表达出来。其实，最关键的问题反而在研究讨论的过程中被掩盖了。”

虽然爱因斯坦这么说，但是 EPR 论文中的观点却着实引起了量子力学界的震动。

这篇论文所举的例子确实比较复杂，我们在此不作讨论，其中心思想是：根据量子力学可导出，对于一对出发前有一定关系、但出发后完全失去联系的粒子，对其中一个粒子的测量可以瞬间影响到任意远距离之外另一个粒子的属性，即使二者间不存在任何连接。一个粒子对另一个粒子的影响速度竟然可以超过光速，爱因斯坦将其称为“幽灵般的超距作用”，认为这是根本不可能的，以此来证明量子力学是不完备的。薛定谔后来把两个粒子的这种状态命名为“纠缠态”。

根据量子力学，在进行测量之前，粒子的属性是不确定的。而人为的测量是带有随机性的，比如测量一个光子的偏振方向（见 9.3 节），那么人为的随机测量行为会瞬间影响到远在天边的与之纠缠的另一个光子的偏振方向，这实在是让人难以置信的。因此爱因斯坦的这记重拳确实势大力沉。

玻尔看到这篇文章后大惊失色，他立即放下手头的一切工作来思索如何反驳 EPR 的论文。经过三个月的艰苦工作，玻尔终于把回应 EPR 的论文提交给《物理评论》杂志。他的论文题目和 EPR 论文题目一模一样：《量子力学对物理实在性的描述是完备的吗？》。

实际上，玻尔的反驳是无力的，因为 EPR 的推论本来就没有错，玻尔也承认这种推论结果的存在，不过，爱因斯坦认为这种结果根本不可能发生，而玻尔认为是可以发生的，仅此而已。也就是说，对于论文题目，EPR 给出的答案是“否”，而玻尔给出的答案是“是”。

这样的争论是不会出结果的，只有用实验来说话才是最有力的。可惜，纠缠态实验太难做了，玻尔和爱因斯坦都没有在有生之年看到它，真是物理学界的一大憾事。而后来的实验证明，“纠缠态”这种现象确实是真实存在的！

爱因斯坦在对量子力学的攻击中，出拳一记比一记重，但结果却是这些重拳都砸到了自己身上，他的每一记重拳都让量子力学得到一次证明自己的机会，无论那是多么不可思议。

15.3 纠缠态的实验证明

各种粒子都可以出现纠缠态，相对而言，光子的偏振是最容易进行实验操作的，纠缠态的实验检验就以此为基础展开。

首先，我们需要一对处于纠缠态的光子。

对于某些特殊的激发态原子，电子从激发态经过连续两次量子跃迁返回到基态，可以同时释放出两个沿相反方向飞出的光子，而且这个光子对的净角动量为 0，这种光子称为“孪生光子”。现代光学技术已经可以保证产生这样的一对光子。

接下来，就是实验的关键部分了，我们要测量这对光子的偏振方向。

孪生光子产生后沿相反方向飞出，已经没有任何联系，但是因为它们的净角动量为 0，所以从量子理论来讲，如果你对其中一个光子进行偏振方向测量，另一个光子就必须得和这个光子保持偏振方向一致，否则就没法维持净角动量为 0。

这真是一个疯狂的推论，要不爱因斯坦不相信呢，这真是让人太难以置信了。要知道，你对第一个光子进行偏振测量时，偏振片角度是随意摆放的，这个光子的偏振方向完全是由你主观决定的，另一个光子怎么会知道呢?

但是实验结果表明，事实就是如此。实验示意图见图 15-3。为了叙述方便，我们人为设定一个参考垂直方向。

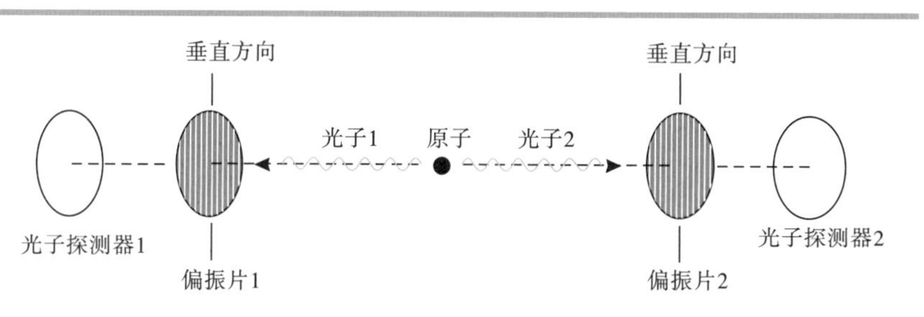

图 15-3　验证孪生光子处于纠缠态的实验示意图

为了避免光子事先“探测”到偏振片的方向，我们在两个光子飞出后才摆放偏振片。虽然光速很快，但现在的实验技术可以做到这一点。

好了，现在开始实验。我们在光子 1 的前方放一片垂直方向的偏振片 1，等它到达偏振片 1 后，有以下几种情况:

（1）光子 1 通过偏振片 1

这时，你在光子 2 的前方摆放偏振片 2。你会发现，如果偏振片 2 是垂直方向，光子 2 肯定能通过；如果偏振片 2 是水平方向，光子 2 肯定通不过。

（2）光子 1 没通过偏振片 1

这时，你在光子 2 的前方摆放偏振片 2。你会发现，如果偏振片 2 是垂直方向，光子 2 肯定通不过；如果偏振片 2 是水平方向，光子 2 肯定能通过。

显然，上述实验结果表明，在光子 1 被进行偏振测量后，光子 2 的偏振瞬间也被确定，保持和光子 1 的偏振方向一致。

你可以把参考的垂直方向选为实际当中的任何方向，都不会影响实验结果。这就证明了已经分开的两个光子确实还处于存在某种神秘联系的纠缠状态。

按理说，这个实验已经很能说明问题了，但是人们还是不满意。因为这个实验中，偏振片 1 和偏振片 2 的夹角只有两个：0°和 90°，而在这两个角度下，这个实验结果用隐变量理论也能证明。也就是说，这个实验还是不能确认量子力学和隐变量理论谁是谁非。

那怎么办呢？

1964 年，英国科学家约翰·贝尔（John Bell）提出了一个强有力的数学不等式，人们称之为贝尔不等式。有了这个不等式，物理学家们就可以检验，自然是根据量子力学预言的“幽灵般的超距作用”运作呢，还是根据爱因斯坦喜欢的隐变量运作。

在贝尔不等式里，偏振片 1 和偏振片 2 的夹角可以任意，如果这两个光子按隐变量运作，出发时偏振方向就确定了，会满足此不等式；如果这两个光子按量子力学运作，出发时偏振方向不确定，处于叠加态，则不满足此不等式。

为了验证贝尔不等式是否成立，需要改变两个偏振片的夹角，让它们的夹角在−90°～90°的范围内任意变化。实验示意图见图 15-4。量子力学和隐变量理论之间的差别非常微小，研究者只有精确地测量光子对在不同偏振角度下的偏振相关度（见图 15-5），才能判断哪一种理论是正确的。

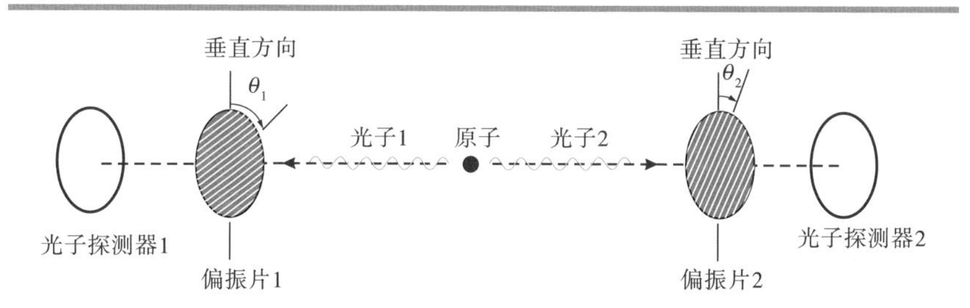

图 15-4　检验贝尔不等式的实验示意图，改变两个偏振片的角度，偏振片 1 旋转角度 θ_1，偏振片 2 旋转角度 θ_2，检测光子对在不同偏振角度下的偏振相关度

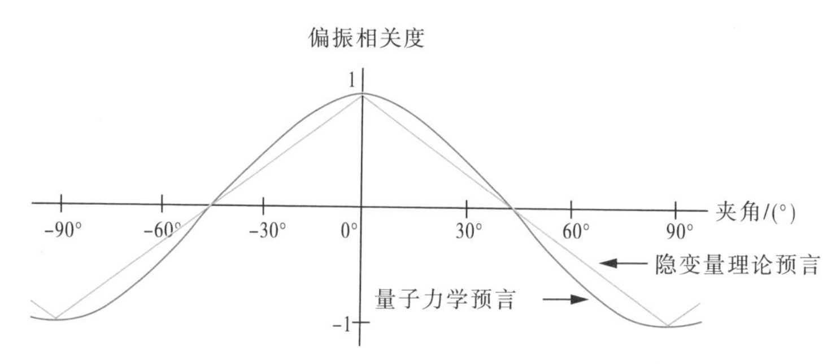

图 15-5　量子力学和隐变量理论预言的偏振相关度曲线，直线对应隐变量理论，曲线对应量子力学

这一实验的难度显然更大，但是实验物理学家们总是能想办法做到。经过艰苦努力，实验终于成功了，结果是：贝尔不等式不成立！

1972 年，美国科学家克劳瑟和弗里德曼首先用实验证明了贝尔不等式不成立。到了 20 世纪 70 年代末 80 年代初，法国物理学家阿莱恩·阿斯派克特(Alain Aspect)又做了一系列精度更高、实验条件更苛刻的实验，他设计出的装置能以每秒 2500 万次的速度变换偏振片方向。实验结果确切地证明了贝尔不等式不成立，更关键的是，实验数据与量子力学的预言是一致的，隐变量理论输给了量子力学。

也就是说，孪生光子出发后处于叠加态中，而当人为随意地测量其中一个光子，使其变为确定态后，不管空间相隔多远，另一个光子也瞬间变为与之相同的确定态，虽然二者看上去早已没有任何物理力的联系。

虽然量子力学胜利了，但纠缠态仍然是让人不可思议的现象。人的主观测量在纠缠态中起的作用该如何理解呢？也许我们只能承认它、利用它，而无法理解它。

15.4 GHZ 三粒子纠缠

双粒子纠缠现象发现以后，人们自然而然地想到了多粒子纠缠的可能性。

20 世纪 80 年代末，美国物理学家格林伯格（Greenberger）、霍恩（Horne）和奥地利物理学家塞林格（Zeilinger）提出了三粒子纠缠现象，以其名字首字母命名为“GHZ 三粒子纠缠”。1990 年，他们发表了题为《没有不等式的贝尔定理》的论文，文中指出，三个或三个以上粒子的纠缠态只可能在量子力学框架下出现，它和隐变量理论是不相容的，这被称为“GHZ 定理”。也就是说，只需要对三粒子纠缠态进行一次测量就可以判断量子力学和隐变量谁是谁非。贝尔不等式需要对大量粒子进行测量，用统计平均值来检验不等式是否成立，而多粒子纠缠则不需要这么麻烦。

那么如何再生成三个相互纠缠的光子呢？1997 年，塞林格的研究团队提出一个方案：把两对纠缠光子对放入某种实验装置中，令光子对 1 中的一个光子跟光子对 2 中的一个光子发生纠缠（即令二者变得无法区分），二者构成新的纠缠关系；俘获这个新的纠缠光子对中的一个光子，则剩余的三个光子便会彼此纠缠。2000 年，在该团队工作的潘建伟等人首次实现了三光子纠缠态，验证了 GHZ 定理，量子力学又取得了一次新的胜利。

15.5 量子隐形传态：超空间传送能实现吗？

纠缠态最吸引人的应用莫过于量子隐形传态了。

量子隐形传态是指将甲地的某一粒子的未知量子态在乙地的另一粒子上还原出来。在量子纠缠的帮助下，待传输的量子态如同科幻小说中描写的“超空间传送”，在一个地方神秘地消失，不需要任何载体的携带，又在另一个地方神秘地出现。

1982 年，物理学家 Wootters 发表题为《单量子态不可克隆》的论文，证明对任意一个未知的量子态进行精确的、完全相同的复制是不可实现的，这被称为“量子态不可克隆原理”。其实这并不难理解，“克隆”是在不损坏原有量子态的前提下再造一个相同的量子态，任何一个量子态都是处于叠加态的，这是一种完全不确定的状态，想克隆它就得对它进行测量，一测量就会变成确定态，它就被破坏了。你如何能克隆呢？

1993 年，Bennett 等六位科学家联合发表了一篇题为《由经典和 EPR 通道传送未知量子态》的论文，开创了研究量子隐形传态的先河，也因此激发了人们对量子隐形传态的研究兴趣。

因为不确定原理和量子态不可克隆原理的限制，我们不能将原量子态的所有信息精确地全部提取出来，因此必须将原量子态的所有信息分为经典信息和量子信息两部分，它们分别由经典通道和量子通道送到乙地。经典信息是发送者对原物进行某种测量而获得的，量子信息是发送者在测量中未提取的其余信息。在此过程中，量子信息的传递必须通过纠缠态来完成。接收者在获得这两种信息后，就可以在乙地构造出原量子态的全貌。

其简单原理如图 15-6 所示。粒子 2 和粒子 3 是一对处于纠缠态的粒子，粒子 1 是需要传态的原物粒子。在甲地进行测量之后，在粒子 1 与粒子 2 之间建立了关联，粒子 1 的量子信息通过粒子 2 和粒子 3 的纠缠被传送到粒子 3，经过与经典信息组合之后，粒子 3 被构造成粒子 1 的量子态。在此过程中，发送者对粒子 1 的量子态一无所知，隐形传态完成后，粒子 1 的量子态就被破坏了。

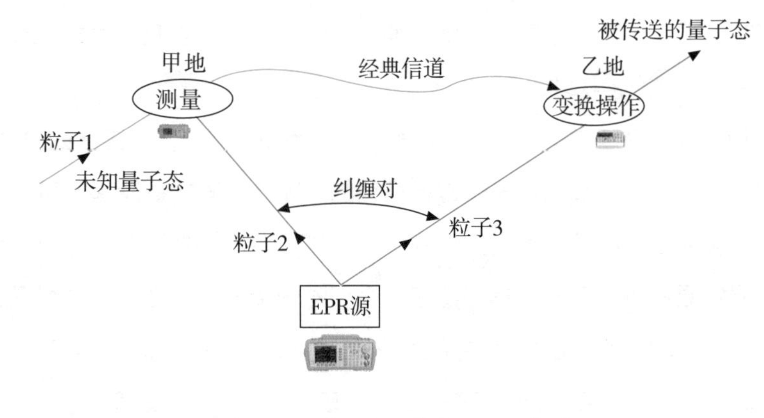

图 15-6　量子隐形传态原理示意图

因为量子隐形传态需要借助经典信道才能实现，因此并不能实现超光速通信。

1997 年，奥地利的塞林格研究团队（潘建伟也参与了该项研究）首次完成了量子隐形传态的原理性实验验证，成功地将一个量子态从甲地的光子传送到乙地的光子上，成为量子信息实验领域的经典之作。随后，世界各国科学家如火如荼地开展了各种量子隐形传态实验。2012 年，中国科技大学和中国科学院组成的以潘建伟为首的联合研究团队，在青海湖首次成功实现了百公里级的自由空间量子隐形传态。

量子隐形传态最容易引起人们遐想的地方，莫过于它是否可以实现人的远距离传送，毕竟，人也是由微观粒子组成的，尽管数量大到近乎天文数字。其设想是，是否可以把一个人身上所有粒子的量子信息传递到了另一地的粒子上进行人体重组？这个设想已经超越了现阶段物理学家的能力范围，要想得到解答，可能得等几百甚至几千年以后吧。

16 原子内部的世界

量子力学的研究对象主要集中在微观领域，所以对微观世界的探索和量子力学的发展是相互联系的。原子的发现是科学史上的重要飞跃。而原子并非物质基本结构的最小单元，原子内部的世界很精彩，也很奇妙。量子力学对原子内部结构的探索起到了至关重要的作用，原子内部也是一个神奇的量子世界。

16.1 古人的物质组成观点

亚里士多德认为自然界由四种基本元素组成：土、气、水、火。而在这些元素上又作用着两种力：引力，即土和水向下沉的那种趋势；浮力，即气和火向上升的那种倾向。亚里士多德这种将宇宙分割成物质和力的方法直到今天依然还在沿袭，也就是我们所说的基本粒子和基本作用力。

但是，亚里士多德认为我们可以把物质无限制地分割得越来越小，我们找不到不可再分割下去的最小的颗粒。

亚里士多德这个观点可以称之为无穷分割思想，我国古代部分哲学家也持这种观点。如战国时期的公孙龙（约公元前 350—公元前 320）曾说过“一尺之棰，日取其半，万世不竭”，这句话被庄子引述在《庄子》一书中。

可是还有几个古希腊哲学家，比如德谟克里特等人，他们的观点则和亚里士多德相反，他们认为物质具有固有的最小颗粒性，每一件东西其实都是由数目巨大的、类型不同的最小颗粒组成的。他们把这种最小颗粒称为原子，原子在希腊文中的意义是“不可分割的”。

德谟克里特（公元前460—公元前370）这样说：我手里有一个苹果，如果我吃掉一半，则还有一半；如果再吃一半，则还剩四分之一；然后是八分之一，接着是十六分之一。只要我喜欢，是否我可以不断地把这个吃的过程进行下去呢？不！最后终于会达到一个极限，它是不能再分割的。这个不能再被分割的部分，称为原子。

德谟克里特这种原子论思想并非独有，我国古代部分哲学家也论述过这种观点。战国时期的《墨子》一书中讲到“端，体之无序最前者也。”“端是无同也。”意思是说，“端”（即原子的概念）是物体不可分割（“体之无序”）的最小单位（“最前者”）。由于“端”里没有共同的东西（“无同”），所以不可分割。古人把这种不能分割的最小的单位叫“无内”“莫破”。

对于物质是否存在最小结构单元的争论一直延续了上千年，可是却没有任何一方能拿出实际的证据来，所以只能是停留在哲学层面上的探讨。

16.2 原子论的胜利

1803年，英国化学家约翰·道尔顿发现，在化学反应中，参加反应的物质总是按照一定的比例组合的，他认为这一事实只能用原子聚合在一起形成分子来解释。所以他提出物质存在着基本组成单元——原子。1808年，他出版了《化学哲学新体系》一书，指出不同单质由不同质量的原子组成，他认为原子是一个个坚硬的小球，就像台球一样，当然，原子比台球小得多。

虽然原子理论对于确定气体或化学反应的属性非常成功，但人们却无法直接证明原子的存在，所以有些科学家并不认同原子论，认为那超越了测量的尺度，根本就没有办法去认识。

1827年，苏格兰植物学家罗伯特·布朗发现水中的花粉及其他微小悬浮颗粒不停地作不规则的折线运动，人们称之为布朗运动。可是在长达几十年的时间里人们都弄不明白其中的原理。50年后，J. 德耳索提出这些微小颗粒可能是受到周围分子的不平衡碰撞而导致布朗运动，但只是猜测而已，没有具体的理论论证。

1905年，爱因斯坦发表了一篇论文，证明正是大量水分子的无规则热运动导致了布朗运动。他根据扩散方程建立了布朗运动的统计理论，成功解释了布朗运动的规律，该理论也成为分子运动论和统计物理学发展的基础。爱因斯坦对布朗运动的解释是原子论的一个重要物理学证据，由此原子论终于得到科学界的完全认可。

当时人们的原子论是这样的：元素是简单物质的极限；元素由原子构成；原子是组成物质的最小微粒；原子是微小的不可分割的小球，它的直径仅是千万分之一毫米；原子像微观台球一样在空间飞舞，相互碰撞，从而结合成分子。

在此不得不插一句，爱因斯坦实在是太伟大了！他在1905年发表的三篇论文每一篇都具有获得诺贝尔奖的水平，分别是：狭义相对论、布朗运动统计理论、解释光电效应的光量子理论。他在1916年建立的广义相对论也绝对可以当之无愧地获得诺贝尔奖。可惜的是，他只获得了一次诺贝尔奖——光量子理论。他的相对论已经超出了当时人们的理解范围，所谓曲高和寡就是这样吧。现在，当人们不断地在太空中观察到各种符合相对论的现象时，不由得会惊叹爱因斯坦的神奇。说他是世界上最伟大的科学家一点都不为过。

16.3 原子还不是最小

1896年，法国科学家贝克勒尔发现铀及其化合物能放出一种看不见的射线。1897年，巴黎大学的居里夫人开始对此现象进行研究，她筛查了大量的化学物质，发现钍及其化合物也能放出类似的射线。她由此断定这是某一类元素的特性，提议将这种现象称为放射性。接着，她的筛查又扩大到了天然矿物，最后发现，沥青铀矿的放射性比铀或钍的放射性大得多。

居里夫人断定沥青铀矿中含有放射性极高的新元素，决定把它找出来。她的丈夫皮埃尔·居里也加入到妻子的研究中来。1898 年 7 月，他们从沥青铀矿中分离出放射性比铀强 400 倍的物质，是一种新元素的硫化物。居里夫人把这种新元素命名为 Polonium（钋），以纪念她的祖国波兰。

发现钋以后，居里夫妇再接再厉。1898 年 12 月，他们又从沥青铀矿中分离出放射性比铀强 900 倍的物质，光谱分析表明，这种物质由大量钡化合物与一种新元素化合物混合而成，放射性正是这种新元素所致。他们把新元素命名为 Radium（镭），来源于拉丁文 radius，意为“射线”。

为了提取出金属镭，居里夫妇在一个简陋的棚屋里开始进行艰苦的提炼工作。因为 1t 沥青铀矿中只含有 0.36g 镭，所以他们从 1899 年到 1902 年辛勤工作了四年，才终于从 4t 铀矿残渣中制取出 0.1g 氯化镭。1906 年，皮埃尔·居里遇车祸身亡。1910 年，居里夫人和德贝恩合作，用电解氯化镭的方法制得了金属镭。

因为放射性现象的发现，居里夫妇与贝克勒尔分享了 1903 年的诺贝尔物理学奖。居里夫人后来又因为分离出纯的金属镭而获得 1911 年的诺贝尔化学奖。居里夫人两获诺贝尔奖当然当之无愧，但相比之下，诺贝尔奖或许对爱因斯坦太吝啬了一些。

镭射线强度是铀的几百万倍，能产生极强的光和热，其光亮甚至强到可以看书，并灼伤人的皮肤。如此强的放射性引起了人们极大的关注，许多科学家满怀热情地投入到对这一新现象的研究之中。不久，卢瑟福发现镭射线是由 α 射线、β 射线和 γ 射线组成的，其中 α 射线、β 射线是带电的粒子流（现在我们知道，α 射线是氦原子核，β 射线是电子），γ 射线是光子流。如图 16-1 所示。

原子永恒不变，不可分割的说法被打破了，原子竟会放出 α 粒子、β 粒子，原子内部竟然隐藏着另一个世界！

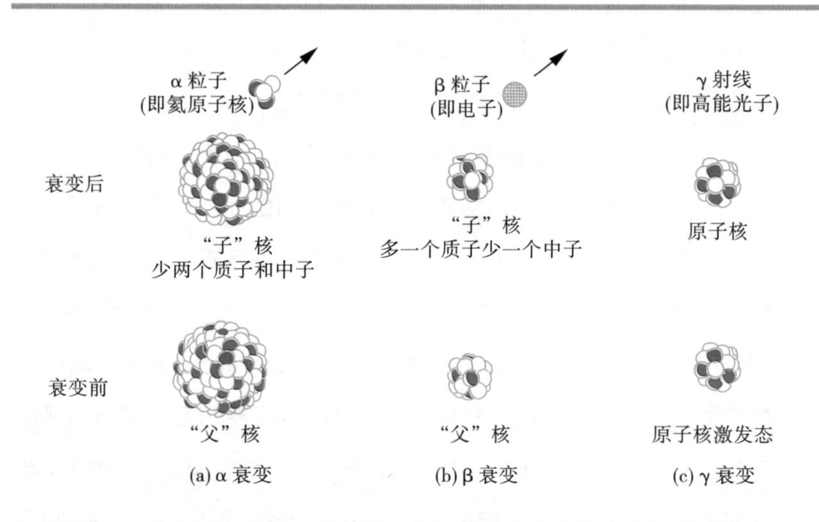

图 16-1　原子核衰变的三种方式，它们所包含的放射性是指某些元素的原子核能自发地放出射线而衰变形成稳定的元素

16.4　原子内部结构

1897 年，英国物理学家汤姆逊通过研究气体放电现象发现了电子。他测定了电子的荷质比，从而确定了电子是一种基本粒子，成为最先打开通向基本粒子物理学大门的科学家。

也许在我们的潜意识中会把电子想象成一个像小圆球一样的粒子，但是没有任何证据表明电子是小圆球，而且到现在人们也没有测出电子的半径，只知道它小于 10^{-19}m，甚至从某种意义上来说可以将其看作一种没有体积的点粒子。

1909 年，英国物理学家卢瑟福和他的学生马斯顿在进行 α 粒子散射实验研究时，用准直的 α 射线轰击厚度为 4 微米的金箔，发现绝大多数的 α 粒子都直穿过薄金箔，偏转很小，但有少数 α 粒子发生角度大得多的偏转，大约有 1/8000 的 α 粒子偏转角大于 90°，甚至观察到偏转角等于 150°的散射。卢瑟福后来回忆说：

“这是我一生中从未有的最难以置信的事，它好比你对一张纸发射出一发炮弹，结果被反弹回来而打到自己身上……”

由此，卢瑟福认为只有原子的几乎全部质量和正电荷都集中在原子中心的一个很小的区域，才有可能出现 α 粒子的大角度散射。于是他在 1911 年提出了原子的核式结构模型。1913 年，他出版了《放射性物质及其放射》一书，书中他再次介绍了他的原子模型理论，并第一次使用了“原子核”这个词。在此他明白无误地判断原子核带正电，由带负电的电子包围着，这一设想后来得到证实。

1918 年，卢瑟福用 α 粒子轰击氮原子核，注意到在使用 α 粒子轰击氮气时他的闪光探测器记录到氢原子核的迹象。卢瑟福认识到这些氢核唯一可能的来源是氮原子，因此氮原子必须含有氢核。他因此建议原子序数为 1 的氢原子核是一个基本粒子，于是质子也被发现了。质子被命名为 proton，这个单词是由希腊文中的“第一”演化而来的。

卢瑟福发现质子以后，当时人们都认为原子核是由质子和电子组成。但是 1932 年，英国物理学家查德维克证实了原子中有中性粒子——中子的存在，并测定了中子的质量。同年，德国物理学家海森堡获悉查德维克的发现，把名为《关于原子核的结构》的论文递交给了《物理学杂志》，提出原子核并不像人们所设想的那样由质子和电子组成，而是由质子和中子组成。

质子和中子的质量差不多，可是它们比电子重得多，是电子质量的1800多倍，所以原子核占据了整个原子质量的99.99%以上，而原子核却非常非常小。如果把原子放大到一个足球场那么大，那原子核也只有绿豆那么小！

根据新的设想，原子核内不再有电子。尽管如此，仍然存在着一个问题：为什么在如此小的空间里多个质子不会由于电荷间的同号排斥作用而产生波动？

这个问题后来人们解决了，是因为原子核内的核子之间存在一种强相互作用力——强力，强力是四种基本作用力之一。强力是短程力，作用范围只在原子核尺度范围内，超出这个尺度迅速衰减为零。在原子核尺度内强力比电磁力大得多，所以质子之间不会互相排斥。正是强力的存在才维持了原子核的稳定。

之后很长时间，人们一直以为质子和中子就是“基本”的粒子，直到夸克被发现。

16.5 原子结构的初期模型

1911年，卢瑟福发现原子核后，提出了原子的核式太阳系模型。他把原子类比为一个微型的太阳系，电子被带正电的原子核吸引，围绕原子核进行轨道运动，就像行星围绕太阳运行一样。这个模型在当时来说已经是巨大的进步，但是在经典物理学框架内，这个模型存在巨大的困难。按经典理论，电子在绕核运动的途中会释放能量，轨道也会逐渐变小，最后掉到原子核里。但实际上，这些情况都没有发生。

好在当时量子理论已经发端。1913年，玻尔提出一个新的原子结构模型（见图 16-2），它仍然是电子绕原子核运动的经典轨道图像，但此模型提出的两个假设奠定了原子结构的量子理论基础：

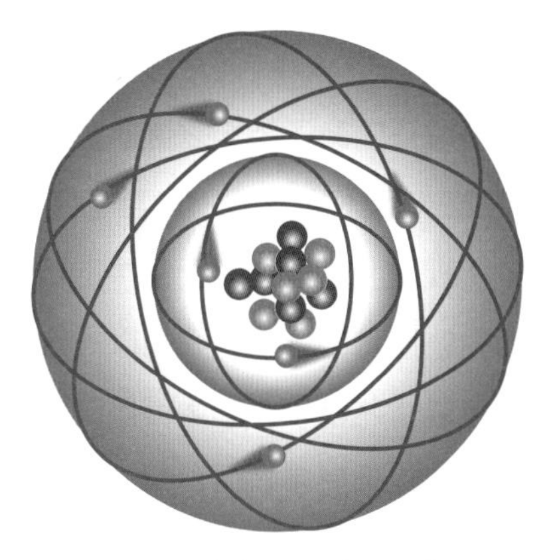

图 16-2　玻尔原子模型示意图

（1）定态假设：原子系统只能处在一系列不连续的能量状态，在这些状态中，虽然电子绕核运转，但并不辐射电磁波，这些状态称为原子的定态。定态所对应的能量称为能级。

（2）能级跃迁假设：当原子从一个定态跃迁到另一个定态时，原子才发射或吸收特定频率的光子。

玻尔模型成功地解释了氢原子光谱，计算值和实验值相吻合。但是如果把玻尔模型推广到多电子原子时，即使是只有两个电子的氦原子，计算结果也与光谱实验相差甚远，说明这个模型还很不完备。

1916 年，德国物理学家索莫菲全面推广和发展了玻尔的量子理论。他主要做了两件事：把玻尔的圆形轨道推广到椭圆轨道；引入了相对论修正。

当时人们已经观察到，原子的某些特征谱线是由一些波长非常接近的谱线叠加而成的，这些谱线构成了原子谱线的精细结构。

索莫菲模型对氢原子光谱精细结构的计算与实验值惊人的一致，所以被人们看作是一个巨大的胜利，在随后几年中，人们利用该模型完成了对碱金属光谱的描述。虽然这一进展极大地推动了光谱学的研究，但是人们在这种半经典半量子化模型的道路上却越走越艰难。其原因现在看来是不言自明的，电子在原子内的运动具有明显的波粒二象性，而经典的运动轨道完全没有反映出波动性，显然是不可能正确反映原子结构的。

直到 1926 年，薛定谔用他新建的量子力学理论重新解释了原子结构，真正解开了原子结构之谜。量子力学可以很好地解释各种原子的各种光谱现象，人们终于彻底放弃了经典轨道的概念。

现在我们知道，原子中的电子并无任何明确、连续、可跟踪、可预测的轨道可循，它们只能以一定的概率分布规律出现在原子核周围的空间区域。在量子力学中，用波函数描述原子中电子的运动状态，这样的波函数称为原子轨道，但它并不具有经典力学中运动轨道的含义，只不过是借用“轨道”两个字罢了。

16.6 电子云：电子在哪儿？

1926 年，薛定谔建立了其量子力学体系——波动力学。波动力学的核心就是薛定谔方程，通过求解原子的薛定谔方程可以解出电子的能级和波函数。虽然与经典轨道没有任何相同之处，但人们仍然沿用“原子轨道”这个名称来称呼原子中电子的波函数。在求解薛定谔方程的过程中，自然而然就得到了原子能量量子化的结论，而不必像玻尔那样进行人为的硬性规定。对解出来的波函数 ψ 作图，就能知道电子的运动状态。

氢原子是能够精确求解其薛定谔方程的原子，正是从它身上，薛定谔揭开了原子结构的奥秘。

经过求解薛定谔方程，氢原子中的电子运动状态由三个量子数决定：主量子数 n、角量子数 l 和磁量子数 m。所以电子的波函数记为 ψ_{nlm}，不同的 n、l、m 对应不同的波函数（即不同的轨道），用不同的标号标记。表 16-1 给出了一些常见的轨道标号。

薛定谔方程解得氢原子中电子能级如下：

$$E_n=-\frac{1}{n^2}\times 13.6\text{eV}\text{（主量子数 }n=1,\ 2,\ 3,\ \cdots\text{）}$$

能量取负值是因为将电子离核无穷远时的势能定为 0。

当 n=1 时，E_1=−13.6eV， 此时波函数 ψ_{nlm} 有 1 个解，此能级上电子有 1 种运动状态（ψ_{1s}）；

当 n=2 时，E_2=−3.40eV， 此时波函数 ψ_{nlm} 有 4 个解，此能级上电子有 4 种运动状态（ψ_{2s}、ψ_{2p_x}、ψ_{2p_y}、ψ_{2p_z}）；

当 n=3 时，E_3=−1.51eV， 此时波函数 ψ_{nlm} 有 9 个解，此能级上电子有 9 种运动状态（1 个 3s、3 个 3p 以及 5 个 3d 轨道）；

…

表 16-1　常见原子轨道（即单电子波函数）的轨道标号

n	l	m	轨道标号
1	0	0	1s
2	0	0	2s
	1	0	$2p_z$
	1	±1	$2p_x$ 和 $2p_y$
3	0	0	3s
	1	0	$3p_z$
	1	±1	$3p_x$ 和 $3p_y$
	2	0	$3d_{z^2}$
	2	±1	$3d_{xz}$ 和 $3d_{yz}$
	2	±2	$3d_{x^2-y^2}$ 和 $3d_{xy}$

显然，能量是量子化的。n 越大，电子能级越高，运动状态越多（n^2 种）。

氢原子中只有一个电子，那么这个电子在基态时处于能量最低的 E_1 对应的 ψ_{1s} 轨道上，而受到激发处于激发态时则可跃迁至更高能量的轨道。

我们已经知道，电子的波函数 ψ 是一种概率振幅，波函数的平方 ψ^2 代表在空间某点发现电子的概率密度（见 7.2 节，电子波函数是实函数）。所以我们把 ψ_{1s}、ψ_{2s} 等波函数的平方在空间作图，就能看出每一种运动状态下电子在原子核周围空间的概率密度分布。ψ^2 函数图形就是我们通常所说的“电子云”。

图 16-3 给出了几种原子轨道的电子云图。电子云图本来是分布在原子核周围的三维空间图形，但为了观察方便，图中给出的是通过原子核

的二维截面。图中亮度的大小表示电子在这些地方出现的概率密度的大小，越亮的地方概率密度越大，越暗的地方概率密度越小。

每一个轨道表示的是电子的一种运动状态，在这种运动状态下（或者说在这个轨道上），电子可能出现在图中亮度不为零的任意一点，而且它在不断地变换位置，一会出现在这儿，一会出现在那儿，你完全没法预测它下一个时刻出现在哪一点，只能通过概率来大致判断它在哪儿出现的机会多一些。需要说明的是，概率密度分布和概率分布是不同的，概率密度最大的地方概率不一定最大，但是概率密度为零的地方概率肯定为零。

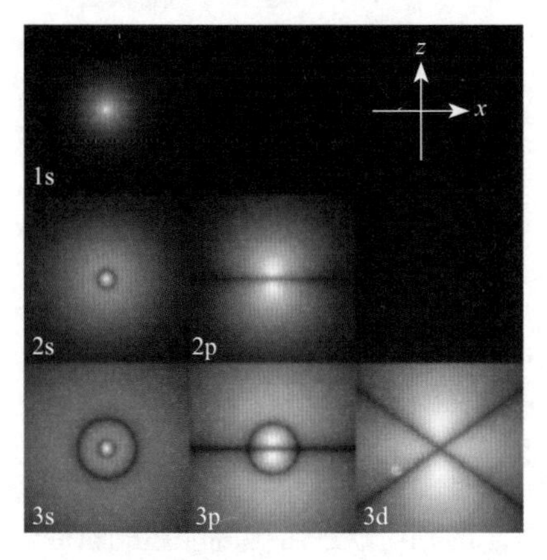

图 16-3　1s、2s、$2p_z$、3s、$3p_z$、$3d_{z^2}$ 轨道的电子云图

完整图像为空间图形，可把上图绕 z 轴旋转一周得到（原子核为坐标原点，x 轴、z 轴如图所示，y 轴为垂直于纸面方向）

从电子云图可以看出，电子完全没有任何明确、连续、可跟踪、可预测的经典力学轨道可循，这实际上也是不确定原理的必然结果，由于坐标与相应的动量分量不可能同时精确测定，所以，原子中的电子不可能具有轨迹确切的轨道。

16.7 电子云节面之谜

在电子云图中，除 1s 轨道外，其他轨道都有节面。

在原子轨道波函数中，存在 $\psi=0$ 的面，这些面就叫节面。节面可以是平面、球面、锥面或其他曲面。因为 $\psi=0$，所以 $\psi^2=0$，所以电子在节面上出现的概率密度为零，也就是说，电子不会在这些面上出现。

我们来看看图 16-3 中几个轨道的电子云图中的节面，也就是图中完全为黑色、亮度为零的面。表 16-2 给出了节面的具体形状和位置。

表 16-2 常见原子轨道的节面

轨道	节面	节面数
1s	无	0
2s	一个球面	1
$2p_z$	xy 平面	1
3s	两个球面	2
$3p_z$	xy 平面和一个球面	2
$3d_{z^2}$	绕 z 轴旋转对称的两个圆锥面，其顶点都在原子核上	2

如果仔细思考一下，就会发现一个让人无法理解的问题：电子是如何通过节面的？

我们以 2s 轨道为例。2s 轨道有一个球形节面，就像一个足球球壳一样把空间分成里外两部分，电子一会儿在足球里边出现，一会儿在足球外边出现，但是它在足球球壳（节面）上却不出现。那么，它是怎么通过节面的？

如果电子以经典的运动方式从节面里边运动到外边，那它必然要穿过节面，节面上电子出现的概率就不可能为零，所以，我们只能说电子没有运动轨迹，只有概率分布的规律。但是这种说法实在是无奈之举，只是对现象的描述而无助于问题的解决，至于神通广大的电子到底是如何运动的，谁也说不清楚。

有人说了，各个轨道的节面位置不一样，电子是不是跃迁到别的轨道然后再跃迁回来，不就通过节面了吗？但是，电子跃迁是会吸收或放出光子的，而电子在某个轨道上运动时并不吸收或放出光子，所以这个解释是行不通的。

或者，电子是通过四维空间穿越过去的？类比一下，如果电子只能在一条直线上运动，直线上有一个节点，电子怎么能不通过节点而出现在节点两侧呢？通过二维空间跳跃过去看起来是个不错的想法。

再或者，电子不断地和真空进行能量交换，不断地消失和出现？现在人们已经认识到真空中不断地有各种虚粒子对的产生、湮灭和相互转化的现象，称为真空涨落（见第 19 章）。如果电子从某一点把能量注入真空，然后此能量又从真空中另一点把电子激发出来，那么电子就可以像鬼魅一样到处闪现了。

总之，对于熟悉了宏观世界的人类来说，原子电子云图中的节面是一个令人捉摸不透的谜团。

16.8 电子的自旋

薛定谔方程解出来的波函数 ψ_{nlm} 虽然很好地描述了原子中电子的运动状态，但是，人们从一个实验中发现，ψ_{nlm} 并不能完整地描述电子状态，这个实验就是施特恩-盖拉赫实验。

施特恩-盖拉赫实验是德国物理学家施特恩和盖拉赫于 1921 年到 1922 年期间完成的一个实验。如图 16-4 所示，令高温的氢原子（最初实验用的是银原子，氢原子和银原子道理是一样的，为了简单，我们用氢原子讨论）从高温炉中射出，经狭缝准直后形成一个原子射线束，而后氢原子射线束通过一个不均匀的磁场区域，射线束在磁场作用下发生偏折，最后落在玻璃屏上。

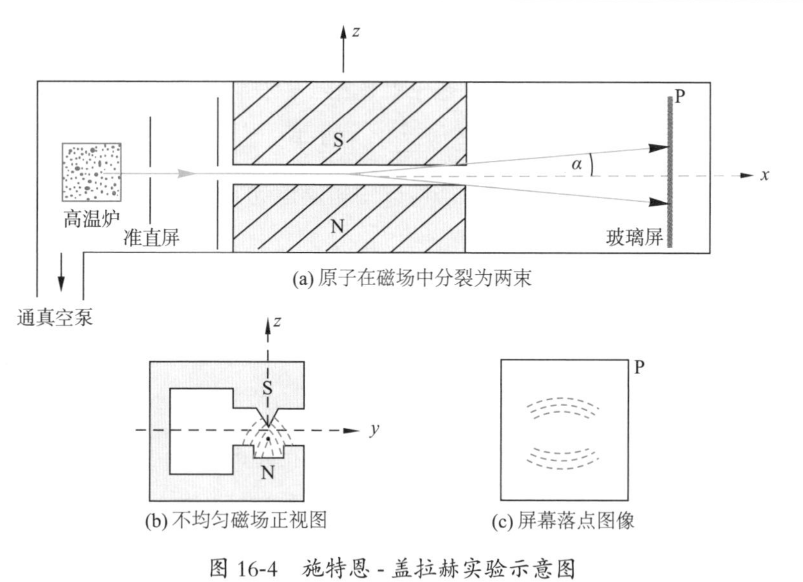

(a) 原子在磁场中分裂为两束

(b) 不均匀磁场正视图

(c) 屏幕落点图像

图 16-4　施特恩 - 盖拉赫实验示意图

基态氢原子只有一个 1s 电子，高温炉中的温度也不足以令氢原子从基态激发。按照薛定谔方程的计算结果，1s 电子的轨道角动量为零。至于什么是角动量我们可以不去管它，只要知道在物理学中可以证明，电子有角动量必有磁矩，有磁矩必有角动量。

既然 1s 电子的轨道角动量为零，那么氢原子的磁矩就应该为零，也就是说，这一束氢原子应该直接穿过磁场而落在屏幕中间（原子核的磁矩很小，可以忽略）。可是实验结果却是，氢原子在磁场中明显分裂为上、下两束。显然，电子磁矩不但不为零，而且有两种取向。

实验显示，原子中不只有轨道角动量，还应当有其他形式的角动量。解决方案是引入电子自旋运动，自旋角动量可以根据实验值确定，并且引入一个新的量子数：自旋量子数 s。电子的自旋量子数为 1/2。

自旋角动量在磁场方向的分量由自旋磁量子数 m_s 决定，电子的 $m_s=\pm1/2$，对应着两种自旋状态。习惯上称为自旋向上（$m_s=1/2$）和自旋向下（$m_s=-1/2$）。氢原子的 1s 电子就是由于存在自旋向上和自旋向下两种状态，所以才会在磁场中分裂为上、下两束。

所以，一个电子的运动状态应该由轨道运动 ψ_{nlm} 和自旋运动来合并描述，才是一个完整的描述。

需要说明的是，就像轨道运动没有运动轨迹一样，自旋运动也不是电子自身的转动。首先，电子本身很可能是没有体积的点粒子；其次，如果把电子自旋考虑为有限大小的刚体绕自身的转动的话，不但无法解释施特恩–盖拉赫实验，而且电子表面切线速度将超过光速，与相对论矛盾。

因此，自旋与质量、电荷一样，是基本粒子的内禀性质。自旋向上和向下可以类比于电荷的正负。自旋导致的物理现象是纯粹的量子力学效应。

16.9 电子自旋之谜

16.8 节我们看到，氢原子在上下布置的不均匀磁场中分裂为两束，一束朝上偏转，即自旋向上；一束朝下偏转，即自旋向下。

现在，假如我们选择通过磁场后的朝上偏转的那一束原子，并让它穿过另一个上下布置的相同磁场（见图 16-5），显然，那些朝上偏转的原子在第二台装置中会继续朝上偏转，但不再能分裂成两束。这正是我们所预期的，因为我们可以信心满满地说，它们的电子都是“自旋向上”的，当然不会再出现“自旋向下”的情况。

现在来讨论一个看似简单的问题：如果使第二台装置旋转90°，变成水平布置的磁场，将会发生什么现象呢？

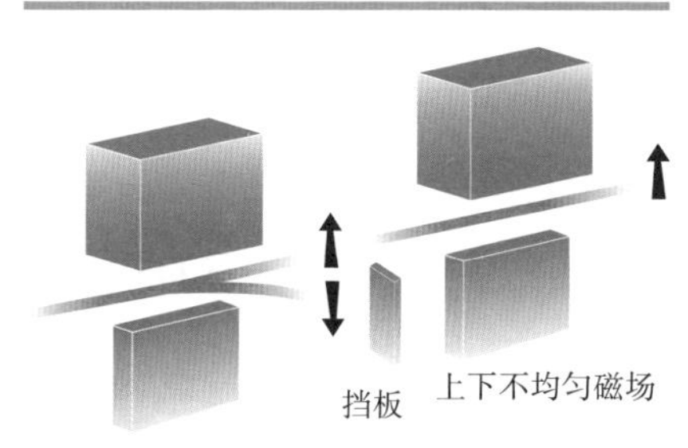

图 16-5　自旋向上的电子通过相同方向的磁场还是自旋向上

你可能会想，水平磁场？嗯，那它应该朝水平方向偏转吧，向左或者向右，总之，不管左还是右，只能朝一个方向偏转，毕竟它们是一束自旋相同的原子。

但是，你错了！

这束“自旋向上”的原子竟然会被平均分成两束，一束向左偏转，另一束向右偏转（见图 16-6）！而且我们不得不尴尬地将左、右两束仍然称为“自旋向上”和“自旋向下”。

如果第二个磁场和第一个磁场不是成 90°角，而是偏转一定角度，原子束也会分裂成两半，不过不是平均分裂，其概率分布偏转随角度而变化。

换言之，尽管我们已经确定所有原子都处在相同的自旋状态，但当

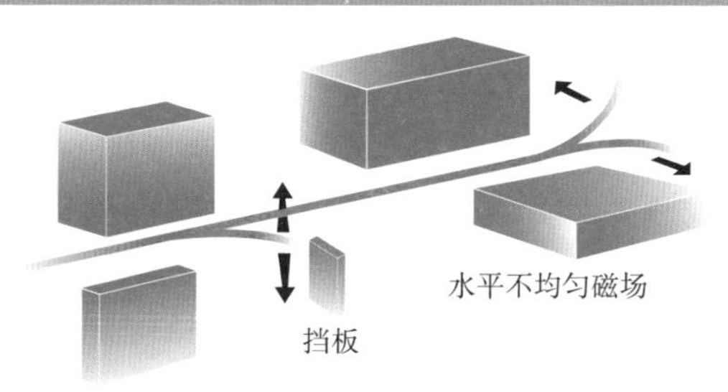

图 16-6　自旋向上的电子通过旋转 90°的磁场分裂成两束

它们通过另一台转过一定角度的施特恩–盖拉赫装置后，它们将不得不“重新取向”。

显然，如果这时选择来自第二台装置左侧或右侧的原子束，并且引导它穿过另一个上下布置的磁场，它将再一次分成朝上偏转和朝下偏转的两束。

不可思议是吗？事实就是如此。

费曼在其《物理学讲义》里把以上的结果归纳为量子力学的一条基本原理：任何原子体系可以通过过滤将其分解为某一组所谓的基础态，在任一给定的基础态中，原子未来的行为只依赖于基础态的性质——而与其以前的任何历史无关。

这个例子也充分体现了测量者的作用，你可以通过一次新的测量，让上一次测量中“自旋向上”的电子变为“自旋向下”。对意识论的支持者来说，这似乎是个绝好的例子。

你对这些解释满意吗？你能提出新的解释吗？

组成世界的基本粒子

我们看到的宏观物体形式多样、五光十色，它们都是由各种分子和原子组成的。各种不同元素的原子又都由质子、中子和电子组成。但是人类对基本粒子的探索并未停止，从理论推断到实验检验，人们发现了大量微观粒子。经过仔细分类研究，目前还没有发现具有内部结构的基本粒子共有 62 种。

17.1 物质的镜像：反物质

1927 年，只有 25 岁的狄拉克意识到，质量极小的电子是极易加速到接近光速的，对这种高速电子的完整描述应该考虑将相对论方程和量子力学方程结合起来。于是他把狭义相对论引进薛定谔方程，创立了相对论性质的波动方程——狄拉克方程。

我们都知道，最简单的二次方程 $x^2=A$ 有两个解，一个是$x=\sqrt{A}$，另一个是$x=-\sqrt{A}$。同样，电子的相对论性方程中出现了能量的平方 E^2，这样求解电子能量 E 时就会得出两个解：一个正的，一个负的。

狄拉克并没有想当然地把负能量当作不合理的结果舍去，他承认了负能量的存在。要知道，负能量是一个很奇怪的东西。假如说一辆汽车具有负能量，那么踩刹车反而会让它加速，而踩油门却会让它慢下来！

当时的物理学家们都对负能量持怀疑态度，海森堡称这是“现代物理学中最悲哀的一章”。

面对质疑，狄拉克并没有放弃，经过仔细思考，他提出了一个大胆的假设。他指出：

“以往人们把真空想像成一无所有的空间。现在看来，我们必须用一种新的真空观念来取代旧观念。在这种新理论中，需要把真空描写为具有最低能量的一个空间区域，这就要求整个负能区都被电子占据着。”

按狄拉克的观点，真空中有无穷多个被电子填满的负能量位置，真空就像是由负能量电子组成的汪洋大海（后来人们称为“狄拉克之海”）。可是在我们的世界中所有这些位置都被电子填满了，负能量位置被均匀地填满对我们来说是完全察觉不到的，因此检测不到任何负能量。可是，如果一个负能量的电子被扰动，电子从负能级上被激发出来，留下的位置就变为一个“空穴”，这样，一个空穴会表现为负能量不足和负电荷不足。负能量不足就表现为正能量，负电荷的不足就表现为正电荷。

1931 年，狄拉克提出：

“一个空穴，如果存在的话，就是一种实验物理还不知道的新粒子，它与电子的质量相同而所带的电荷相反。我们可以称这样的粒子为正电子。”

正电子就是反电子，狄拉克这一观点宣告了反粒子观念的诞生。

狄拉克不光提出反电子的概念，他还大胆地把反粒子的概念扩展到其他粒子。他指出：

“我认为负质子也可能存在，虽然该理论还没有那么明确，但在正负电荷之间应该有种彻底而完美的对称性。而且，如果这在自然界是一种真正基本的对称性，那么任何一种粒子的电荷应该都有可能反过来。”

狄拉克并没有等太久就等到了他的正电子。

当时已经发明了云室，在云室里人们可以记录下单个原子和粒子的轨道。1932 年，美国物理学家卡尔·安德森使用云室从宇宙射线中发现了电子的反粒子——正电子。

图 17-1 给出了通过 γ 射线和液态氢原子剧烈碰撞而产生的电子–正电子对在云室中留下的轨迹，它们在磁场中的轨迹刚好相反。在粒子反应中如果有足够的能量使动量守恒并转化为质量，就能成对产生正反粒子对。

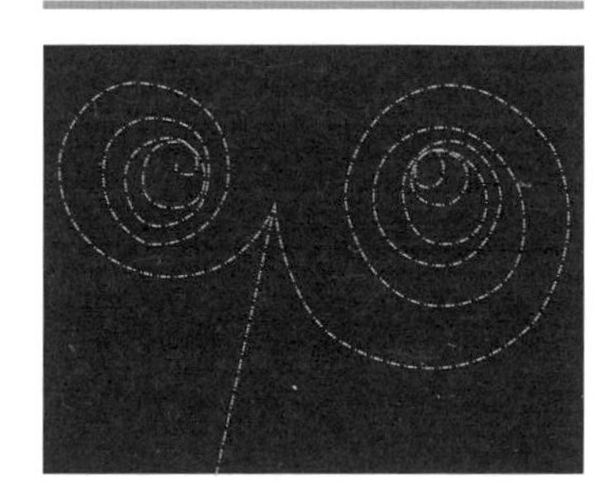

图 17-1　电子 - 正电子对在云室中留下的轨迹

正电子的发现引发了科学家们新的探索之旅。1955 年，反质子在美国的一家实验室中被发现，其后人们又发现了反中子。到 20 世纪 60 年代，基本粒子中的反粒子差不多全被人们找到了。

狄拉克获得了 1933 年的诺贝尔物理学奖。按照惯例，在斯德哥尔摩瑞典皇家学院接受诺贝尔奖时，获奖人应做一个简短的演讲。狄拉克在接受他的奖金时说：

“地球中所包含的负电子和正质子占多数，我们更应该把这看作是一种偶然现象。对其他星球很可能是另一番情景，那些星球有可能主要是由正电子和负质子构成的。实际上，有可能存在每种方式各构成一半的星球……而且可能没办法区分它们。”

现在我们知道，对每一个粒子而言，都存在着与其具有相同的引力性质，但带着相反符号荷（电荷与核力荷）的反粒子。粒子和反粒子碰撞在一起，就湮灭而产生纯粹的能量闪光。

反物质是反粒子概念的延伸，反物质是由反粒子构成的物质。反物质是物质的“镜像”形式。

1995 年，欧洲核子研究中心的科学家在世界上制成了第一批反物质——反氢原子。科学家利用加速器，将速度极高的负质子流射向氙原子核，以制造反氢原子。由于负质子与氙原子核相撞后会产生正电子，刚诞生的一个正电子如果恰好与负质子流中的另外一个负质子结合就会形成一个反氢原子，其平均寿命仅为 30ns（一亿分之三秒）。2011 年，欧洲核子研究中心的科研人员宣布已成功抓取反氢原子超过 16min。同年，在位于纽约长岛的美国布鲁克海文国家实验室，来自多个国家的科学家们合作制造出了迄今最重的反物质——反氦原子。

1997 年，美国天文学家宣布，他们利用先进的 γ 射线探测卫星发现在银河系上方约 3500 光年处有一个不断喷射反物质的反物质源，它喷射出的反物质在宇宙中形成了一个高达 2940 光年的“喷泉”。这是宇宙反物质研究领域的一个重大突破。现在人们最想知道的就是，宇宙中真的存在反物质星球吗?

17.2 宇宙隐形人：中微子

1899 年，卢瑟福发现 β 衰变现象，它涉及的是原子核中的一个中子转化成一个质子，并伴随着一个高速电子的释放。

中微子的发现来自对 β 衰变的研究。人们发现，物质在 β 衰变过程中释放出的电子只带走了它应该带走的能量的一部分，还有一部分能量失踪了。玻尔据此认为，β 衰变过程中能量守恒定律失效。

能量守恒定律失效这个说法太过牵强。1930 年，奥地利物理学家泡利提出了一个假说，他认为在 β 衰变过程中，除了电子之外，同时还有一种静止质量为零、电中性、与光子有所不同的新粒子放射出去，带走了另一部分能量，因此出现了能量亏损。这种粒子与物质的相互作用极弱，以至仪器很难探测到。1931 年，泡利提出，这种粒子并非原本就存在于原子核中，而是由衰变产生的。

泡利预言的这个窃走能量的“小偷”被意大利物理学家费米命名为“中微子”，意为“微小的中性粒子”。1934 年，费米在中微子理论研究中做出了重大贡献，他的创举在于将 β 衰变归结于粒子的产生和湮灭。该理论直接为量子物理带来了一个至今仍占中心地位的重要思想：微观世界中的相互作用都是通过产生和湮灭粒子发生的。

中微子个头小，不带电，只参与非常微弱的弱相互作用，具有极强的穿透力，能轻松穿透地球，就像宇宙间的“隐形人”。地球上每平方厘米每秒有 600 亿 ~1200 亿个中微子穿过，但是在 100 亿个中微子中才有一个会与物质发生反应，因此中微子的检测非常困难。直到 1956 年中微子才被观测到，证明了它的存在。

对中微子的研究表明，中微子具有质量，但其质量非常非常小，以至于人们目前还测不出准确数字，只能给出一个质量上限值。

关于中微子曾有一个轰动世界的新闻。2011 年 9 月，意大利格兰萨索国家实验室公布“中微子运动速度超光速”的试验结果，引起世界震动。不过在 2012 年 6 月 8 日，该实验室宣布撤销此项试验结果，原来是因为试验装置存在光缆连接问题而导致测量误差。真是虚惊一场。

17.3 世界的基石：夸克

1930 年以后，科学家们开始制造粒子加速器（图 17-2）。加速器是用电磁场把带电粒子加速到高能高速的装置，它是探测微观粒子的有力武器。在这里，带电粒子被加速到极高的速度，然后与其他粒子或其他物体发生剧烈的碰撞，连原子核都能被撞个粉碎，于是最基本的粒子都被撞了出来。

加速器可以是直线形的，也可以是环形的。在环形的加速器里，专门有磁场将粒子逼到环形轨道上去。随着加速器能量的不断提高，人类对微观物质世界的认识也逐步深入，粒子物理研究取得了巨大的成就。

质子和中子因为存在强相互作用才能结合成稳定的原子核，人们把可以直接参与强相互作用的粒子称为“强子”。在加速器的作用下，人们竟找到了 200 多种强子，如果再加上它们的反粒子，就有 400 多种。这实在是太多了，人们不禁怀疑，自然界用得着这么多基本粒子吗？1964 年，美国科学家盖尔曼提出强子不是基本粒子，而是由更基本的粒子——夸克组成的观点，并发展了相关的理论（注）。

注：夸克这一名字是盖尔曼起的，他从詹姆斯·乔伊斯的小说《芬尼根彻夜祭》中找到一句话：“Three quarks for Muster Mark!” 于是，“quark” 这个与科学没有任何关系的词就成了现代科学中最时髦的一个词。

图 17-2　欧洲核子研究中心的大型强子对撞机
周长 26.66km，是世界上最大的粒子加速器

夸克的思想是吸引人的，可一些物理学家最初并不愿意接受它，他们认为夸克“结构”只是一种数学技巧。但在实验面前，他们不得不承认盖尔曼是对的。质子和中子的高速碰撞实验表明，它们都是由更小的粒子构成的，这些粒子就是夸克。因为对夸克的研究，盖尔曼获得 1969 年的诺贝尔奖。

夸克和电子的体积是最困扰我的一个问题。华裔诺贝尔奖得主、粒子物理学家丁肇中在演讲中多次提到，从理论上来讲，夸克和电子都是点粒子，其直径或体积应该为零。他在实验中测出电子直径至少是小于 10^{-19}m 的，但是我的头脑中实在无法想象体积为零的粒子是一个什么图像。也许只能这么理解：既然它们没有内部结构，那就应该没有体积（不过超弦理论已经打破了这种点粒子的观点，以后章节将会详述）。

宇宙中存在有 6 种不同类型的夸克，我们分别将之称为上、下、奇、粲、底、顶夸克。每种夸克都带有 3 种“色荷”——红、绿、蓝。当然，所谓这些颜色仅仅只是借用红、绿、蓝这三个词而已，并非夸克真的有颜色。色荷可以和电荷类比，就像电荷有正、负两种类型一样，色荷有红、绿、蓝三种类型。由于夸克有 6 种类型，每种类型有 3 种“颜色”，所以共有 18 种夸克。

夸克的色荷在强相互作用中守恒，因此，色荷是强力的源。两个夸克之间通过交换“胶子”而发生强相互作用。

由三个夸克组合成的粒子称为“重子”，质子和中子就是重子。每个重子都是由 3 个夸克组成，同时每一个夸克都各具有一种颜色。当三个夸克组合在一起时，红、绿、蓝相互抵消，变成“无色”，色荷守恒，于是他们就结合在一起了。

由一个夸克和一个反夸克组成的粒子叫“介子”。比如红色夸克和反红色夸克结合，红色和反红色相互抵消，也变成“无色”的介子。重子和介子一起被合称为强子。

夸克的电荷是分数。上、粲及顶夸克（这三种叫“上型夸克”）的电荷为 +2/3，而下、奇及底夸克（这三种叫“下型夸克”）的则为 −1/3。一个质子里包含有两个上夸克和一个下夸克（见图 17-3（a）），而一个中子里则是包含着两个下夸克和一个上夸克（见图 17-3（b））。所以质子的电荷为 +1，而中子的电荷为 0。

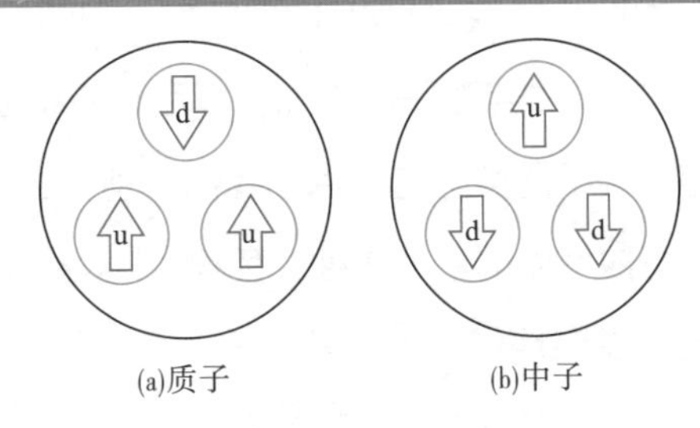

图 17-3　一个质子包含两个上夸克和一个下夸克，一个中子包含两个下夸克和一个上夸克

17.4　世界的基石：轻子

轻子是对电子和它的两个伙伴，以及它们对应的中微子的总称。包括电子、μ 子、τ 子以及电子中微子、μ 子中微子、τ 子中微子等 6 种基本粒子，加上它们的反粒子，共计 12 种轻子。轻子都是基本粒子，没有内部结构。

前文已经提到过，英国物理学家汤姆逊在 1897 年发现了电子，并确定电子是一种基本粒子。

1937 年，人们在研究宇宙射线时发现了 μ 子。可以说 μ 子就是一个胖电子，它的质量是电子的 207 倍，其他性质则和电子相同。在穿过地球的宇宙射线中有大量的 μ 子，此时此刻就不断地有 μ 子从我们的身体中穿过。μ 子的寿命很短，它很快就会衰变成一个 μ 子中微子、一个电子和一个反电子中微子。

1976 年，物理学家们又发现了一个更胖的“电子”，它的质量是电子的 3479 倍，其他性质则和电子相同，这个粒子被命名为 τ 子。τ 子虽然属于轻子，但它的质量并不轻，它的质量已经达到了质子的 1.9 倍。

τ 子也会迅速衰变，它有三种可能衰变的途径：64.8% 的概率会衰变

成 τ 子中微子和反 π 介子；17.84% 的概率会衰变成 τ 子中微子、电子和电子中微子；17.36% 的概率会衰变成 τ 子中微子、μ 子和 μ 子中微子。

17.5 四种基本力和力的传递粒子

通常把物体之间的相互作用称为力。物理学家们发现，自然界中所有的相互作用都可以归结为四种基本力的组合，这四种基本作用力是：引力、电磁力、强力和弱力。

1. 引力

引力就是大家常说的万有引力，有质量或者能量的任何物体都会感受到引力。引力对我们来讲是非常重要的，它不但让我们能牢固地脚踏大地，而且还维持着地球绕着太阳转。与其他三种力相比，引力非常非常弱，要小三十多个数量级。物体质量有多大，决定了它能产生多强的引力以及对引力有多大的反应。所以小质量物体间的引力小到可以忽略不计，这就是为什么两个人之间感受不到对方引力的原因。好在地球和太阳的质量足够大，所以地球能被太阳牢牢地吸引住。

有趣的是，实验证明引力是以光速传播的。假如太阳突然消失了，地球并不会马上陷入灾难，它还会照样公转，直到大约 8min 后地球才会感受到太阳引力的消失，那时才会出现灾难。

计算引力的公式大家都熟悉，就是牛顿的万有引力定律：

$$F=G\frac{m_1m_2}{r^2}$$

式中，F 是两个物体之间的引力，G 是万有引力常量，m_1 和 m_2 是两个物体的质量，r 是两个物体之间的距离。

2. 电磁力

带电荷的粒子会相互吸引或者相互排斥，这种力就叫电磁力。电荷间同性相斥、异性相吸。就像质量一样，电荷也是粒子的基本性质。原子中电子带负电荷，质子带正电荷，大小都为 e（$e=1.6\times10^{-19}$ 库仑）。因为正、负电荷相互抵消，所以原子是电中性的。虽然夸克具有分数电荷，但夸克不能被单独探测到，所以 e 是电荷的基本单位。

电磁力比引力强得多，两个电子之间的电磁力比引力大 36 个数量级。好在我们常见的物体都是电中性的，所以不会产生强大的吸引力或排斥力。

电磁力的计算公式是库仑定律：

$$F=K\frac{q_1q_2}{r^2}$$

式中，F 是两个物体之间的电磁力，K 是库仑常数，q_1 和 q_2 是两个物体所带的电量，r 是两个物体之间的距离。

你肯定会问，这是一本科普书籍，有必要罗列这些公式吗？但是，如果你仔细对比一下万有引力定律和库仑定律这两个公式，你就会发现一个有趣的现象。是什么呢？

对，这两个公式在形式上竟是如此接近，这真的只是一种巧合吗？还是有更深层次的东西在里面？

3. 弱力

弱力会导致原子核的 β 衰变（质子和中子间的一种转变），带来放射性。

4. 强力

强力将夸克“胶结”在质子和中子内，又把质子和中子紧紧束缚在一起形成原子核。

大家对强力和弱力比较陌生，是因为它们是作用在原子核尺度范围内的力，超过原子核尺度以外就完全失去作用了。强力是四种力里强度最大的力，比电磁力强 100 倍。挤在原子核里的质子因电磁作用而相互排斥，多亏了强力才把它们紧紧束缚在一起。

物体之间产生的各种力都不是凭空就能相互作用的，而要靠一定的粒子来进行力的传递。

强力的传递粒子是胶子。胶子共有 8 种，静止质量为零，电荷为零，具有色荷。

弱力的传递粒子是 W 粒子和 Z 粒子。W 粒子有两种，质量相同但分别带一个正电荷和一个负电荷，记为 W^+ 和 W^-粒子。Z 粒子是一种电中性的粒子，记为 Z^0。

引力的传递粒子是引力子。这是物理学家预言的，因为到现在还没有找到引力子。如果能找到引力子，它应该是一个静止质量为零，电荷为零的粒子。

电磁力的传递粒子就是光子。两个带电粒子之间的电磁力是通过互相交换光子而产生相互作用的。

在力的传递粒子中，光子、胶子、引力子静止质量均为零，而 W 粒子和 Z 粒子却有静止质量，而且非常大。W 粒子的质量是电子的 157400 倍，Z 粒子的质量是电子的 178450 倍。

表 17-1 给出了四种基本作用力的性质对比。

表 17-1　四种基本作用力对比

力	力的相对大小	力的传递粒子	力的作用范围	力的产生原因
引力	10^{-36}	引力子	长距离	质量
电磁力	1	光子	长距离	电荷
弱力	0.001	W^+、W^-、Z^0 粒子	10^{-17}m	弱荷
强力	100	8 种胶子	10^{-15}m	色荷

17.6 上帝粒子：希格斯粒子

为什么有些基本粒子具有静止质量，而有些基本粒子的静止质量为零？英国物理学家彼得·希格斯提出的一种物理机制可以解释这问题。

可以说，希格斯机制是宇宙中物质质量的来源，是物质世界诞生的基础。按现有理论，所有粒子原本都是没有质量的，是希格斯场赋予了它们质量。希格斯场是一种原本不可见的、遍及整个宇宙的能量场。如果没有希格斯场，就无法生成质量，也无法构建任何东西，那么恒星、行星、生命就无从诞生了。

电磁力和弱力在宇宙起源之初的高能状态下本来是一种统一的电弱力，W^+、W^-、Z^0 和光子原本都没有静止质量，统一的电弱力具有比较高的对称性。但是随着能量的降低，这种对称性自发破缺，统一的电弱力分解为电磁力和弱力。在这个过程中，W+、W^-、Z^0 等粒子与希格斯场作用获得了质量，而光子未参与这种作用，静质量仍为零。

轻子、夸克等粒子原来质量也为零，它们也因为自发对称性破缺而与希格斯场相互作用获得质量，但它们获得质量的方式不同于 W 和 Z 粒子。

总之，根据希格斯机制，W 粒子、Z 粒子、轻子、夸克等基本粒子因为与希格斯场彼此相互作用而获得质量，但同时也会出现副产品——希格斯粒子。假若实验证实希格斯粒子存在，则可给予希格斯机制极大的肯定。光子和胶子不和希格斯场发生相互作用，所以它们没有质量。

有一个形象的比喻，希格斯场就像一锅充满宇宙的糖浆，粒子就是在糖浆里游的鱼，有的鱼儿皮肤粗糙沾上了糖浆，于是获得质量，速度也慢了下来；有的皮肤光滑没有沾，所以就无质量。

美国著名粒子物理学家利昂·莱德曼曾写过一本书，书名叫做《上帝粒子——假如宇宙是答案，究竟什么是问题？》。莱德曼在书中形象地将希格斯粒子称为“指挥着宇宙交响曲的粒子”，“上帝粒子”由此而成为希格斯粒子的绰号。

2013 年 3 月 14 日，欧洲核子研究组织发布新闻表示，他们于 2012 年探测到的新粒子就是希格斯粒子，“上帝粒子”终于被人类发现了。研究表明，希格斯粒子的质量达到了质子质量的一百多倍。2013 年 10 月，希格斯获得了诺贝尔物理学奖。

17.7 标准模型

现在，物理学家们已经建立了一套粒子物理的标准模型，在这个模型里有四种基本作用力以及 62 种基本粒子。

构成物质的基本粒子如表 17-2 所示，共分为三族，每一族包括 2 个夸克和 2 个轻子。三族中同一行相应的粒子除了质量依次增大而不同外，性质完全一样。其中，第 1 族为物质世界的基本组成；第 2 族除中微子外极不稳定，它们所构筑的各种粒子很快就会发生衰变；第 3 族也是如此。

表 17-2 构成物质的三族基本粒子及其质量和电荷

第 1 族		第 2 族		第 3 族		电荷
粒子	质量	粒子	质量	粒子	质量	
电子	0.00054	μ 子	0.11	τ 子	1.9	−1
电子中微子	$<10^{-8}$	μ 子中微子	<0.0003	τ 子中微子	<0.033	0
上夸克	0.0047	粲夸克	1.6	顶夸克	189	+2/3
下夸克	0.0074	奇夸克	0.16	底夸克	5.2	−1/3

注：(1) 质量以质子质量为单位，即质子质量为 1。质子的质量远远大于两个上夸克和一个下夸克的质量，是因为剩余质量出自于胶子所携带的能量。还记得爱因斯坦说的话吗？“能量就是质量，质量就是能量。”

(2) 中微子质量至今还没有在实验上确定。

总体来说，基本粒子可分为三大类。第一大类是构成物质的基本“砖石”，包括 6 种轻子和 18 种夸克，再加上它们的反粒子，共 48 种；第二大类是传递各种相互作用的粒子，有光子、胶子、W 和 Z 粒子，以及引力子等共 13 种；最后一类是希格斯粒子。由于引力的强度很弱，至今没有引力子存在的直接实验证据，所以引力子还没有被发现。

虽然标准模型能解释绝大多数实验现象，但它也并非是完美无缺的。很多物理学家都认为基本粒子和基本作用力的数目太多了，猜测是否背后还隐藏有一种基本的结构基元和一种基本的原始作用力。目前超弦理论已经在这方面取得了一定的成就，获得了很多物理学家的青睐。

另外，宇宙中还有更神秘的暗物质和暗能量，天文学家认为宇宙超过 95% 的质量都由它们构成，而暗物质和暗能量是我们根本看不到的东西。换句话说，我们现在研究的宇宙不过是不到 5% 的宇宙而已。标准模型里并没有关于暗物质和暗能量的解释，人类目前为止还没有能力对暗物质和暗能量作出解释，那么在暗物质和暗能量面前，标准模型该何去何从？

附录　高速粒子对狭义相对论的检验

狭义相对论的许多效应（比如运动会使长度收缩、时间膨胀）需要在极高的运动速度下才能比较明显地显示出来，对宏观物体而言，这样的速度太难达到了，而被加速器加速的微观粒子则成为满足这个条件的绝佳试验品。

爱因斯坦 16 岁的时候就在想一个问题，如果一个人以光速追随一束光运动，他会看到什么景象？按牛顿力学，光线看上去应该是完全静止的，这就意味着光线在运动者看来应该是凝固的波，它不会产生振荡。可是，波怎么会凝固呢？那么，一定是哪儿出问题了。

这个问题困扰了爱因斯坦十年，终于，在他 26 岁时解开了这个谜：任何人看到的光都是光速，所以谁也不会追上光。这就是光速不变原理。

1905 年，爱因斯坦提出了著名的狭义相对论。狭义相对论是讲时空观的。多少世纪以来，哲学家和科学家们在到底什么是时间、什么是空间上费尽了脑筋，结果爱因斯坦用最简洁的答案回答了这个问题：可以用尺子来测量的就是空间；可以用时钟来测量的就是时间。在高速运动状态下，尺子可以变短，时钟可以变慢，也就意味着长度收缩和时间膨胀。

具体来说，狭义相对论建立在两个基本原理之上，即光速不变原理和狭义相对性原理。

根据狭义相对性原理，惯性系（在一个惯性系中，一个不受力的粒子将保持静止或匀速直线运动）是完全等价的，因此，在同一个惯性系中，存在统一的时间，称为同时性，而在不同的惯性系中，却没有统一的同时性，也就是两个事件（时空点）在一个惯性系内同时，在另一个惯性系内就可能不同时，这就是同时的相对性。

相对论导出了不同惯性系之间时间进度的关系，结果发现：运动的惯性系时间流逝变慢了。可以通俗地理解为，运动的钟比静止的钟走得慢，而且，运动速度越快，钟走得越慢，接近光速时，钟就几乎停止了。

这是相对论最令人惊异的预言之一，如何才能检验其正确性呢？还记得我们前面提到过的由夸克和反夸克组成的介子吗，它不能稳定存在，只需几微秒，就会衰变为其他粒子。介子就像一个小小的时钟，如果把一个高速运动的介子与一个静止介子的寿命相比较，我们就可以知道这个小小的时钟慢了多少。这个实验是在瑞士日内瓦附近的欧洲核子研究中心做的，方法是把高速运动的介子放进一个储存环里，然后精确地测量它们的寿命。结果发现，介子运动速度越快，其寿命就越长。这个实验精确地验证了运动时钟变慢这一相对论效应。比如以 $0.91c$ 运动的 π 介子寿命会变为原来的 2.4 倍，与相对论理论计算完全一致。π 介子的实验同时也能验证长度收缩效应，此处不再赘述。

狭义相对论还有一个效应，就是对于静止质量不为零的物体，其质量将随着运动速度的增加而增大，如果速度趋于光速，质量将趋于无穷大，所以实际物体只能无限接近光速而不可能达到光速。

在美国斯坦福大学附近的 3.6km 长的直线电子加速器里可以验证这个效应。当电子被加速到 $0.98c$ 时，如相对论所预言的那样，质量会变为静止质量的 5 倍；当电子被加速到 $0.9999999997c$ 时，电子的质量会增大到静止质量的 4 万倍。

这样的例子数不胜数，现代高能粒子试验每天都在考验着相对论，而相对论也成功地经受住了各种考验，让人们在惊叹之余不得不佩服爱因斯坦的伟大。

18 宏观量子现象：玻色–爱因斯坦凝聚

面对为数众多的各种粒子，物理学家们根据自旋性质把它们分为两大类——费米子与玻色子。玻色子的量子效应不光在微观世界里起作用，在某些情形下，也会以宏观尺度表现出来，那就是玻色–爱因斯坦凝聚，激光、超导、超流等奇特现象都与其有关。

18.1 费米子与玻色子

第 16 章我们讨论过电子的自旋，实际上，所有的基本粒子都有自旋。自旋是量子化的，可以用自旋量子数 s 来表示，自旋量子数可以取大于等于 0 的整数或者半整数，即

$$s=0，1/2，1，3/2，2，\cdots$$

粒子自旋角动量在磁场方向的分量由自旋磁量子数 m_s 决定，m_s 的取值取决于自旋量子数 s，它可以取 $2s+1$ 个不同的值，具体如下：

$$s，s-1，s-2，\cdots，-s+2，-s+1，-s$$

也就是说，在施特恩–盖拉赫实验中，自旋量子数为 s 的粒子会分裂为 $2s+1$ 束，见表 18-1。

由基本粒子组成的复合粒子也有自旋，可由其所含基本粒子的自旋按量子力学中角动量相加法则求和得到，例如质子的自旋可以从夸克和胶子的自旋得到，其自旋量子数为 1/2。

表 18-1　粒子的自旋及其特点

自旋量子数 s	自旋磁量子数 m_s	不均匀磁场中分裂的束数	实例
0	0	1	希格斯粒子
1/2	1/2，−1/2	2	电子、夸克、质子、中子
1	1，0，−1	3	光子、胶子
3/2	3/2，1/2，−1/2，−3/2	4	^{11}B 原子核
2	2，1，0，−1，−2	5	引力子（理论预言）

注：质子、中子、^{11}B 原子核属于复合粒子。

所有粒子（包括基本粒子和复合粒子）都可以按自旋分为两类——费米子和玻色子。

费米子是自旋量子数为半奇数（1/2，3/2，5/2 等）的粒子。基本粒子里的轻子和夸克都是费米子。质子、中子等复合粒子也是费米子。

玻色子是自旋量子数为整数（0，1，2 等）的粒子。基本粒子里的希格斯粒子和力的传递粒子（光子、胶子、W^+、W^-、Z^0、引力子）都是玻色子。介子、α 粒子（氦原子核）、氢原子等复合粒子也是玻色子。

“费米子”这个名字是为了纪念意大利物理学家费米而命名的。1926 年，费米与狄拉克各自独立地发现了带半整数自旋全同粒子系统的量子统计法则，称为费米–狄拉克统计，所以这类粒子后来就被称为费米子。

“玻色子”这个名字是为了纪念印度物理学家玻色。1924 年，玻色与爱因斯坦提出了带整数自旋全同粒子系统的量子统计法则，即玻色–爱因斯坦统计，所以这类粒子后来就被称为玻色子。

对于复合粒子的自旋，有一个普遍的原则：奇数个费米子所组成的粒子仍然是费米子；偶数个费米子组成的粒子则是玻色子；任意数目的玻色子组成的粒子还是玻色子。

比如 He−4 原子中有两个质子、两个中子和两个电子，质子、中子、电子都是费米子，所以 He−4 原子由偶数个费米子组成，故属于玻色子。再如 Na−23 原子，该原子含有 11 个质子、12 个中子和 11 个电子，加起来一共是 34 个费米子，所以它也属于玻色子。

18.2 泡利不相容原理

玻尔曾经提出一个问题：如果原子中电子的能量是量子化的，为什么这些电子不会都处在能量最低的轨道呢？因为根据能量最低原理，自然界的普遍规律是一个体系的能量越低越稳定。这些电子为什么要往高能级排布呢？

比如 Li 原子有三个电子，两个处在能量最低的 1s 轨道，而另一个则处在能量更高的 2s 轨道（见图 18-1）。为什么不能三个电子都处于 1s 轨道呢？

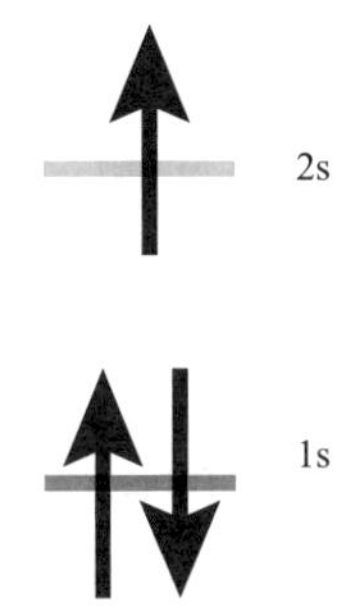

图 18-1　Li 原子的电子排布

这个问题最终被泡利解决。1925 年，泡利根据对原子经验数据的分析提出一条原理：原子中任意两个电子不可能处于完全相同的量子态，称为泡利不相容原理。

1940 年，泡利进一步从理论上提出两条原则：

（1）两个费米子在同一个系统中不可能处于完全相同的量子状态（见图 18-2（b））。也就是说，泡利不相容原理是适用于费米子系统的普遍原则。

（2）与费米子相反，玻色子则不受泡利不相容原理的制约。也就是说，多个玻色子可以占据同一量子态（见图 18-2（a））。一种特殊的量子现象——玻色−爱因斯坦凝聚就是这一结论的体现。

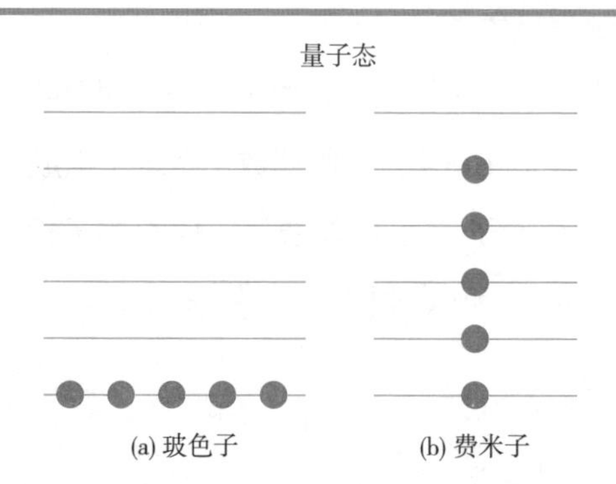

图 18-2 玻色子可以处于同一量子态，费米子则不允许如此

泡利不相容原理是一个非常重要的理论，正因为如此，电子才会乖乖地从低能级到高能级一个一个往上排列。也正因如此，才会构成一个个不同的原子，从而出现我们看到的世界。

有人问了，为什么 Li 原子的 1s 轨道上有两个电子呢？它们不是完全相同的吗？实际上，这两个电子的运动状态并不相同，它们一个自旋向上，另一个自旋向下。也正因为电子只有两种自旋状态，所以一个轨道上最多只能容纳两个电子。

泡利不相容原理使人们从本质上认识了元素周期表的排列方式，对化学这门学科的发展具有重大意义。

用一句话总结一下，在一个量子系统里，费米子个个不同，而玻色子则可以完全一样。

沃尔夫冈·泡利（Wolfgang E.Pauli，1900—1958 年），奥地利人。1918 年中学毕业后，泡利到慕尼黑大学拜访著名物理学家索末菲，要求不上大学而直接做索末菲的研究生。索末菲发现泡利很有才华，接纳了他，于是泡利就成为慕尼黑大学最年轻的研究生。1921 年，他提交了题

为《论氢分子离子的模型》的博士论文，获得博士学位。同年，他还出版了一部介绍相对论的著作，这本书在相对论方面的深刻理解获得了爱因斯坦的高度赞赏。博士毕业后，经索末菲推荐，泡利到哥廷根大学给玻恩当助手，两年后，他又赴汉堡大学任教。1925 年,25 岁的泡利提出了泡利不相容原理，获得世人瞩目。1926 年，他率先将海森堡最新的量子理论应用到原子结构研究中。1930 年，他率先提出了中微子的概念，当时他已经是苏黎世联邦理工学院的一名教授。泡利思维敏锐，以对其他物理学家们的研究成果提出犀利的评论而闻名，他的口头禅是："我不同意你的观点。"泡利在 20 岁时，有一次前去聆听爱因斯坦的讲座，他坐在最后一排，向爱因斯坦提出了一些问题，其火力之猛连爱因斯坦都招架不住。据说此后爱因斯坦演讲时，眼光都要特别扫过最后一排，查验有无熟悉的身影出现。1945 年，泡利因不相容原理的发现而获诺贝尔物理学奖。

18.3 玻色–爱因斯坦凝聚

1924 年 6 月，30 岁的印度物理学家玻色（Bose）给爱因斯坦寄去一篇名为《普朗克定律与光量子假说》的论文。先前他曾把这篇论文投给了一家知名杂志，但被退稿了。无奈之下，他想到了爱因斯坦。

玻色在论文中提出，若假设光子能构成一种"气体"，就像由原子或分子构成的气体一样，那么就能推导出普朗克定律。这些光子可彼此独立地占据任意能级，不论能级上是否有其他光子存在。

爱因斯坦的伟大之处就在于他不会埋没人才。还记得爱因斯坦对德布罗意关于实物粒子波粒二象性的论文所起的推动作用吗，玻色也遇到了伯乐。爱因斯坦立刻意识到玻色的推导比普朗克的推导有了巨大进步。他亲自将玻色的论文翻译为德文，并将其推荐给德国最主要的刊物《物理学杂志》发表。

受玻色工作的启发，爱因斯坦将注意力转移到了这方面。他把玻色对光子的统计方法推广到原子上，研究了假如原子与光子遵守相同的规律，原子将如何运动的问题。同年，他的论文也发表了，从而产生了我们现在称为玻色–爱因斯坦统计的重要成果。数年后，狄拉克建议将遵守这一统计规律的粒子命名为玻色子。

爱因斯坦最先注意到，当属于玻色子的原子温度足够低时，所有原子会突然聚集在最低能量状态，这是一种新的物质状态，这就是通常所说的玻色–爱因斯坦凝聚。

1924 年 12 月，爱因斯坦指出：

“温度低到一定值以后，原子会在没有吸引力的情况下‘凝聚’……理论很有意思，但这会是真的吗？”

上一节已经说过，玻色子不受泡利不相容原理的制约，所以理论上来说，一个体系里的所有玻色子都可以挤在最低能级上。但是这种趋势只有在极低温的情况下才会完全显现，如果温度稍高一点，虽然有许多玻色子集中在最低能级，但也会有很多玻色子分布在更高的能级。

爱因斯坦认识到，当温度极低时（与绝对零度相差百万分之一度以内，绝对零度是–273.15℃，用开尔文温度记作 0K），所有玻色子会均匀地分布在最低能级上。这时所有玻色子都具有完全相同的运动状态，从而完全重叠渗透在一起，相当于每一个粒子都占据着整个一层能级。

要知道，泡利的理论是 1940 年才提出来的，所以玻色和爱因斯坦的工作是开创性的。但是他们的理论太超前了，实验物理学家们足足花了 70 年时间才在实验室中产生了玻–爱凝聚态。实验滞后的主要原因是，将温度降到产生这一现象所需的极低温度是极其困难的。遗憾的是，玻色和爱因斯坦都没能在生前看到这一实验验证。

1995 年 6 月，美国科学家卡尔·维曼（Carl Weiman）和埃里克·康奈尔（Eric Cornell）首次用铷原子制造出了玻色–爱因斯坦凝聚态。

铷是 37 号元素，因此其原子核内含有 37 个质子，核外有 37 个电子。铷的两种同位素铷–85（48 个中子）和铷–87（50 个中子）分别含有 122 和 124 个费米子，都是偶数，所以它们都是玻色子。

维曼和康奈尔将 2000 个铷原子冷冻到绝对零度以上两千万分之一度。在这一温度下，铷原子的移动速度像乌龟一样慢，只能以每秒 8mm 的速度缓慢移动，而室温下它们的速度约为每秒 300m。由于一个原子的平均速度是其温度的量度，所以冷冻和降速实际上是一回事。

为了获得如此低温，他们使用了激光冷却和原子捕陷技术。他们用上、下、左、右、前、后六束激光和一系列磁场构成一个磁光陷阱，激光光束可使原子运动速度减缓，继而使用磁场将这些原子束缚在一个很小的区域（磁光陷阱）内进行蒸发冷却，使这些原子逐渐降温变冷，道理就像让一杯茶逐渐变凉一样。

如此处理的结果是这批铷原子呈现出了玻–爱凝聚态的特征。它们形成了一团微小的气体，其中的所有原子都失去了个性，只呈现出单一的量子态，具有完全相同的波函数。由于是宏观数量的原子聚集在同一个量子态上，所以这是一种宏观量子现象。实际上，这些原子已经凝聚成了一个独立的量子整体。打个比方来说，这 2000 个原子已经合为一体，就好像一个原子同时出现在 2000 个位置上，可以说“人人是我，我是人人”。

1997 年，麻省理工学院的研究人员通过实验表明，将数百万个钠原子形成的玻–爱凝聚态分为两团，然后让它们相遇，结果会产生典型的干涉图案。

大家可能会觉得玻色-爱因斯坦凝聚与我们离得太远，在现实中没有什么作用。实际并非如此，大家熟知的激光就是光子的玻-爱凝聚状态，激光中的大量光子都处于同一量子态。此外，超导体的超导电性也是玻-爱凝聚的结果。美国物理学家库珀等人提出了一个超导电性微观量子理论，成功地解释了超导体的各种性质。此理论指出，自旋相反的两个电子可以形成束缚的电子对，称为库珀对。库珀对包含两个电子，即偶数个费米子，所以是玻色子。在低温下有大量的库珀对处于基态能级，类似于玻色-爱因斯坦凝聚，正是这种凝聚才形成了超导态，而且传导电流的载体就是库珀对。

看到玻色-爱因斯坦凝聚的神奇了吧，这还不算，除了超导，玻-爱凝聚还能导致一种更神奇的宏观量子效应——超流。

18.4 液氦超流现象

氦气是惰性气体，所以氦原子之间的相互作用很弱，氦气直到 4.18 K 才液化，是所有物质中沸点最低的。而且正常压强下的氦在温度极低时仍保持液态而不凝固。直到 1908 年，科学家们才成功地将氦气液化。

氦有两种同位素: He-3（两个质子和一个中子）的自旋为 1/2，是费米子; He-4（两个质子和两个中子）的自旋为 0，是玻色子。所以液态 He-3 和 He-4 是性质不同的两种液体。我们知道玻色子可以产生玻色-爱因斯坦凝聚，所以液态 He-4 在温度很低时，具有许多普通液体没有的奇特性质，因此把它称为量子液体。以下的介绍若没有特别指明，都是针对 He-4 的。

氦气会在 4.18K 下变成沸腾的液体（就像水蒸气会在 100℃下变成沸腾的水一样），如果继续降温，当温度降到 2.17K 时，沸腾突然中止，液体变得十分平静，因为在这一点液氦发生了相变，从普通液相变成一种新的液相，称为超流相。

液氦从正常相变成超流相时，液体中的原子会突然失去随机运动的特性，而以整齐有序的方式运动。于是，液氦失去了所有的内摩擦力，它的热导率会突然增大约 100 万倍，黏度会下降约 100 万倍，从而使它具有了一系列不同于普通流体的奇特性质：

（1）液氦能丝毫不受阻碍地流过管径极细（比如 0.1μm）的毛细管，因为它的黏性几乎消失了。这一现象最先由苏联科学家卡皮查于 1937 年观察到，称为超流性。

（2）如果把液氦盛在一个烧杯里，你会发现杯中的液氦会沿杯壁缓慢地“爬”上去，然后爬出杯外，直到爬完为止（见图 18-3）。

（3）在一个盛有液氦的容器中插入一根玻璃管，使用光辐射对这个管加热，于是管内和容器中的液氦产生温度差，这个温度差会引起压强差，导致液氦从玻璃管上端喷出。喷泉可高达 30cm，可谓壮观。这种现象被称为喷泉效应，于 1938 年首次发现（见图 18-4）。

图 18-3　超流液氦爬出容器外面，在底部形成一个液滴

图 18-4　超流液氦的喷泉效应

1938 年，科学家们从理论上计算出液氦的超流现象本质上是量子统计现象，是玻色–爱因斯坦凝聚的反映。这是从宏观尺度上观察到的量子现象！

20 世纪 70 年代，物理学家们发现 He-3 也有超流动性，不过要在 0.002K 的温度下才能实现，比 He-4 低 1000 倍。虽然 He-3 是费米子，但在此时两个 He-3 会结成一个原子对，这个原子对是玻色子，这样就使玻–爱凝聚成为可能。

现在，科学家们又开始将极低温的液氦在极高的压力下转化成固体氦状态，结果发现固氦能像液体一样流动，同时维持其固体晶格结构，于是将其称为超固体，也属于玻–爱凝聚态。

激光、超导、超流，玻色–爱因斯坦凝聚将来还能带给我们多少惊奇呢？

19 量子场论

“场”的概念最早是由麦克斯韦提出的，他据此创立了电磁场理论。但麦克斯韦的电磁场属于经典场，现代物理学在狭义相对论和量子力学的基础上，又产生了量子场的概念。依据量子场论的观点，物质存在的基本形态是量子场，粒子是场的激发态。量子场论突破了经典物理学中粒子和场的对立，将物质的基本层次、基本力和物质世界的起源纳入了一个统一的物理图景之中。

19.1 场与粒子的统一

20 世纪初，物理学发生了两次革命，深刻地改变了人们对于世界的理解——这就是相对论和量子力学。相对论突破了经典物理学的绝对时空观，揭示了时间、空间、物质和运动的内在联系；量子力学则突破了经典物理学对世界的决定论描述，运用概率论揭示了世界的规律。

物理学家们认识到，粒子的运动速度很高，而且粒子运动时，常表现出粒子之间的相互转化。因此，粒子物理学中所研究的物理规律必然是既能反映粒子的量子性，又能反映高速运动的相对性，还能体现粒子产生或湮灭的过程。由此发展出可以同时体现上述三方面特点的量子场论。

1925 年，海森堡的同事、德国物理学家和数学家约丹在一篇关于量子力学的论文中提出了“场的量子化”的原创性的观点。1927 年，狄拉克把量子理论引入电磁场，将电磁场量子化，为建立量子场论奠定了基础。1928 年，狄拉克把狭义相对论引进薛定谔方程，创立了相对论性质的波动方程——狄拉克方程，把狭义相对论和量子理论统一起来。同年，约丹和维格纳建立了量子场论的基本理论。1929 年，海森堡和泡利建立了量子场论的普遍形式。量子场论曾一度因为在计算过程中会出现无穷大而面临危机，好在人们通过一种所谓“重正化”的数学技巧解决了这个问题，其中费曼的路径积分作出了重要贡献。

用量子场论观点来看，物质存在的基本形态是量子场，每一种粒子都可以看成是一种独特的场的量子化的表现形式。它向我们描述了一个场与粒子统一的物理图景：全空间同时充满各种场，各种场相互重叠，粒子与场相互对应。比如光子对应着电磁场，电子和正电子对应着电子场，中微子和反中微子对应着中微子场，等等。62 种基本粒子对应着的基本场可以分为三大类：

（1）第一类是实物粒子场，也叫费米子场。实物粒子（场）包括轻子和夸克以及它们的反粒子，它们均为自旋量子数为 1/2 的费米子。

（2）第二类是媒介子场，也叫规范场。媒介子场由自旋为 1 或 2 的玻色子组成，它们是传递实物粒子之间的相互作用的媒介粒子，包括光子、胶子、W 和 Z 粒子、引力子，共 13 种。除引力子自旋量子数为 2 外（理论预言），其他 12 种自旋量子数均为 1。

（3）第三类是希格斯粒子场，它由自旋为 0 的希格斯粒子组成。

19.2 粒子的产生与转化

量子场论中，场在空间某一点上的强度可以提供找到其对应粒子的概率。比如电磁场在空间某一点的强度，为我们提供在那儿找到光子的可能性。

场的能量最低的状态称为基态，所有的场都处于基态时就是真空态。

场的能量增加称为激发，当基态场被激发时，它就处在能量较高的状态，称为激发态。

量子场论认为，当某种场处于基态时，由于该场不可能通过状态变化释放能量，因而无法输出任何信号或显现出直接的物理效应，观测者也因此无法观测到粒子的存在。但当场处于激发态时，就会产生相应的粒子，场的不同激发态所对应的粒子数目及其运动状态是不同的。粒子的产生和湮灭代表着量子场的激发和退激。因此，场是比粒子更基本的物质存在，粒子只是场处于激发态时的体现。

图 19-1 所示为一种用线条表示的场产生粒子的示意图，图中用一条线表示一种场，水平直线表示基态场，水平线上隆起的峰表示场的激发。图 19-1（a）表示中子、电子、质子、中微子、光子等粒子所对应的场都处于基态，这时场所在的空间为真空，观察不到粒子；图 19-1（b）表示有一个质子和一个电子的状态，它们由各自所对应的场的激发而产生。

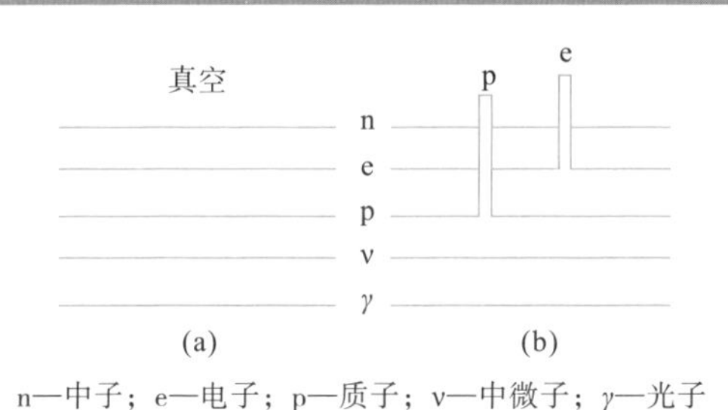

n—中子；e—电子；p—质子；ν—中微子；γ—光子

图 19-1　场产生粒子的示意图

按照量子场论，相互作用存在于场之间，无论是处于基态还是处于激发态的场，都同样地与其他场相互作用。粒子之间的相互作用来自它们所对应的场之间的相互作用。图 19-2 描绘了中子通过 β 衰变变为质子、电子和反中微子的过程，图 19-2（a）表示中子场处于激发态，存在一个中子，其他场处于基态，没有显现出粒子；图 19-2（b）表示由于中子场与质子场、电子场与中微子场之间的弱相互作用，中子场退激到基态，放出能量，进而引起质子场、电子场和中微子场的激发，表现为中子湮灭而产生了一个质子、一个电子和一个反中微子。图 19-2 中，β 衰变得以发生的原因是场之间的弱相互作用。

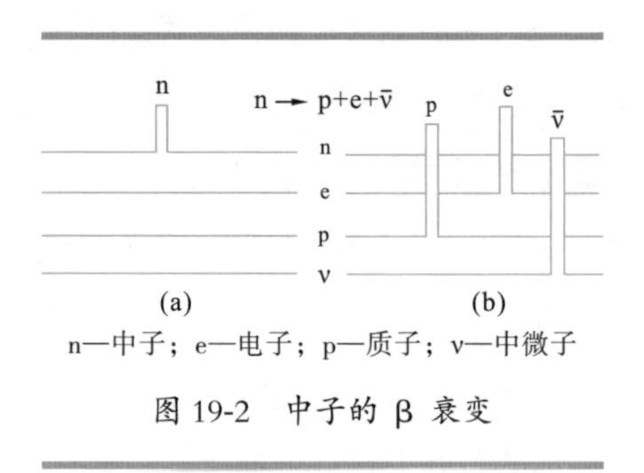

n—中子；e—电子；p—质子；ν—中微子

图 19-2 中子的 β 衰变

根据量子场论，一对正反粒子可发生湮灭变成一对高能 γ 光子，而一对高能 γ 光子在高温下亦可转化为一对正反粒子。比如在 $T>10^{15}$K 的温度下可发生光子向质子和中子等粒子的转化。

19.3 真空里隐藏的奥秘

“真空”是指在其中没有任何实粒子的理想空间，它是一种纯净空间。在自然界里，大如广阔的宇宙空间，小如原子内部的空间，都可以近似地看做是这种纯净空间。但人们印象中的“真空是一无所有的虚空”这一物理图像，是一个错误的图像，大量理论和实验表明，真空是一个具有一定物理性质和一定物理结构的物理实在。爱因斯坦曾指出：

“空间–时间未必能看作是可以脱离物质世界的真实客体而独立存在的东西。并不是物体存在于空间中，而是这些物体具有空间广延性。这样看来，关于‘一无所有的空间’的概念就失去了意义。”

“狄拉克之海”是人们认识到“真空不空”的开端。现在，“狄拉克之海”的真空图像已经被量子场论的基态场图像所取代，所有的场都处于基态时的空间就是真空。

在真空状态下，全空间充满各种场，只是因为每个场都处于基态而都不显现出相应的粒子，所以整个空间都没有实粒子（实粒子指可观测到的粒子）存在。但是，在普朗克时间尺度下，由于不确定关系的限制（$\Delta t \cdot \Delta E \geqslant h/4\pi$），能量的不确定性非常大，能量的剧烈波动会激发真空产生正反虚粒子对（虚粒子是不能被观测到的粒子），然后这些虚粒子对会迅速湮灭。就像是虚粒子对从真空中借取能量从而被激发出来，然后瞬间湮灭将能量归还于真空。

真空中不断地有各种虚粒子对的产生、湮灭和相互转化的现象，称为真空涨落（也叫量子涨落或量子真空涨落）。真空涨落揭示了真空与物质之间的深刻联系，揭示出真空是一切自然物质产生及变化的根本源头。

有人要问了，真空涨落产生的是我们看不到的虚粒子，既然看不到，如何判断其出现过呢？下面一个实验会证明，虽然虚粒子来无影去无踪，但它们却会留下它们曾经到此一游的证据。

1947 年到 1952 年间，美国科学家兰姆以极高的精确度测量了氢原子中电子轨道能量的微小变化（称为兰姆移位）。兰姆移位激起了物理学家们的研究热潮，结果发现，原子内部空间是真空，在其中会有正负虚粒子对的产生与湮灭，它能使电子的轨道略有改变。电子轨道能量的理论计算值如果不把真空的这种奇特效应考虑进去，就与实验结果不符；反之则与实验结果精确一致。这证明了真空中的虚粒子具有实的效应。

近代物理实验技术已经完全肯定，在基本粒子的相互转变过程中，真空直接参与了作用。1928 年，狄拉克根据他建立的相对论电子方程，预言了高能光子激发真空可使真空产生正负电子对，而正负电子对又可湮灭为真空同时放出光子。1929—1930 年，在美国加州理工学院深造的我国科学家赵忠尧发现，当高频 γ 射线通过薄铅板时会产生他所谓的“反常吸收”（两个光子产生一对正负电子）和“特殊辐射”（正负电子对湮灭为两个光子）现象，从而最早观察到了真空中正负电子对的产生和湮灭现象，证实了狄拉克的预言。赵忠尧不但用 γ 射线从真空中“提取”出一对正负电子，而且测得正负电子对湮灭时辐射的光子能量为 0.5 MeV，正好等于一个电子的能量。一对正负电子湮灭产生一对同等能量的光子，能量刚好守恒。这个实验使人类真正认识到真空是“不空”的。

现在我们已经能够从真空中“提取”出许多基本粒子。所有的反粒子，如反电子、反质子、反中子、反氢原子等，理论和实验都判明，它们都是在真空中“提取”出一个正粒子后，在真空中留下的一个“反粒子”。

我们既然能够借助真空传播能量，能够从真空中“提取”物质，那么我们就应该能够与真空进行能量交换。真空中零点能和背景辐射的认识，表明在广阔的宇宙“真空海”中，到处都在进行着这种能量交换。

量子场论预示，真空只是一种能量最低的状态，而并非能量为零的状态，所以真空是有能量的。真空中蕴藏着一定的本底能量，它在绝对零度条件下仍然存在，称为真空零点能。对卡西米尔（Casimir）力（一种由于真空零点电磁涨落产生的作用力）的精确测量，证实了这一物理现象。

1948 年，荷兰物理学家卡西米尔提出了一项检测真空零点能存在的方案。由于真空涨落现象，真空中不断地有各种虚粒子对的产生、湮灭和相互转化，所以真空中充满着几乎各种波长的粒子。卡西米尔认为，如果使两个不带电的呈镜面平整的金属薄板在真空中平行靠近，两板间较大波长的粒子就会被排除出去。于是，金属板内能量密度变得比板外小，这样就会产生一种使金属板相互聚拢的力，金属板越靠近，两板之间的吸引力就越强。

这个吸引力被称为卡西米尔力，力的强度与金属材料无关，它依赖于普朗克常数和光速。在真空中，如果两个金属板的面积为 $1cm^2$、相距为 1μm，那么它们之间相互吸引的卡西米尔力约为 $10^{-7}N$——大致等于一个直径为半毫米的水珠所受的重力。虽然这种力看起来很小，但在低于微米的距离之内，卡西米尔力却成为两个中性物体之间最强的力。

1996 年，人们果然检测到这种吸引力（卡西米尔力）的存在，而且与理论预测值相差不到 1%。1997 年，美国《科学》杂志载文声称："这是一个让所有教科书都要改写的实验。关于卡西米尔效应的实验结果证明，真空中确实存在零点能。"

按量子场论估算，真空能量密度竟高达 $2\times10^{103}J/cm^3$，这简直比天文数字还天文数字，然而天文观测发现的真空能量密度仅为 $2\times10^{-17}J/cm^3$，差 120 个数量级。于是问题就产生了，到底是谁错了？这个问题一直困扰着物理学家和宇宙学家们，谁是谁非只能等待将来的探索了。

宇宙中的各种粒子都在不停地与真空进行着能量交换，如果真空零点能真的很大而且可以提取，无疑将是人类所能够利用的最佳能源了。这将是一种取之不尽、用之不竭的洁净能源，不过这一美好的愿望何时能实现却无法预知。

19.4 再析费曼图：时间能倒流吗？

第 11 章中我们介绍过费曼图。费曼图不仅提供了形象化的方法直观处理量子场中各种粒子间的相互作用，而且它的线段和顶点在物理上有相应的含义并对应着精确的数学方程，它为我们提供了分析粒子间可能发生的反应的一种途径，可以方便地计算出一个反应过程的跃迁概率，所以费曼图成为量子场论研究中的一个重要工具。

费曼图揭示出，当媒介子（力的传递粒子）在两个粒子之间交换时，我们所认为的一些过程就“真实地”发生了，从而说明了粒子间的相互作用，让我们清晰地看到实物粒子间如何通过媒介子的交换产生作用力。

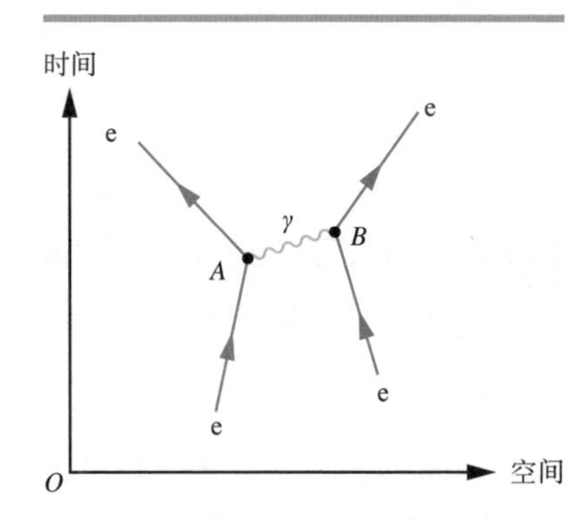

图 19-3　两个电子间电磁相互作用过程的费曼图

我们再来分析一下两个电子相互作用的费曼图，图 19-3 是各种可能过程中最简单的一种情况。在 *A* 点，一个电子发射出一个光子（γ 射线），在 *B* 点，这个光子被另一个电子吸收，这样就完成了一个光子的交换，其结果是电了的动量改变，从而改变了速度和运动方向，这就是电磁相互作用过程。

在这幅图中包含两个三叉顶点 *A* 和 *B*。顶点是费曼图的重要特点，它表示粒子间的相互作用。顶点的重要特征是，它由两条费米子线和一条玻色子线交汇。这是一个共性，世界上所有相互作用最终都是由轻子和夸克在某个时空点发射或者吸收媒介子来实现的。

需要注意的是，两个顶点之间的连线称为内线，内线是中间过程的物理机制，它所表示的粒子是不可能被观测到的，是虚粒子。反之，向外发散的线是外线，它代表实粒子，实验能观测到。所以上图中的 γ 光子是观测不到的，而电子是可以观测到的。

上图还显示出所有费曼图的一个特点，那就是相互作用都是一种灾变事件，在这一过程中所有粒子要么摧毁，要么产生。在 *A* 点，从左下方入射电子被摧毁了，产生了一个光子，与此同时产生了一个新的电子（能量与入射电子不同），向左上方飞去。同理，从右下方入射电子吸收一个光子也被摧毁了，产生了一个新电子朝右上方飞去。

再来看一个更奇妙的费曼图。图 19-4 给出了一个电子与反电子（即正电子）相遇的一种方式，它们互相湮灭后在彼此相反的方向产生了一对光子。

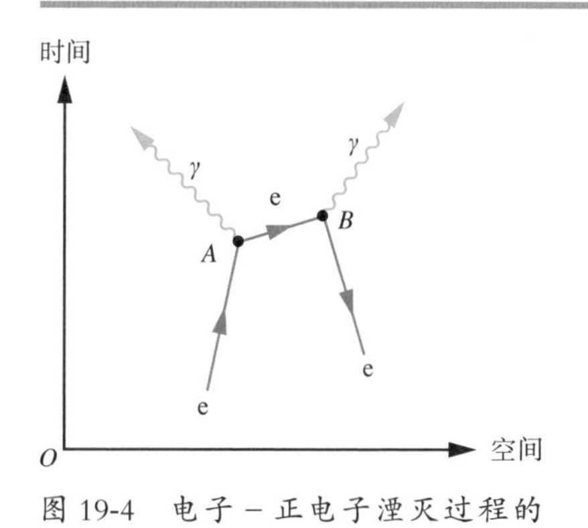

图 19-4 电子－正电子湮灭过程的费曼图

沿时间轴反方向的箭头表示正电子沿正时间移动，等效于沿负时间移动的带负能量的电子

这里又出现 A 和 B 两个顶点。在 A 点，入射电子发射一个光子，并且产生一个新的电子，新电子向 B 飞去，并在那里遇到一个入射的正电子，二者互相湮灭并且发射出另外一个光子。

注意，在费曼图中费米子的箭头并不表示运动方向，而是为了标记正粒子和反粒子：与时间方向相同的箭头代表正粒子，与时间方向相反的箭头表示反粒子。所以图中正电子箭头与时间方向相反。

从图 19-4 可以看出，费曼图的奇妙之处在于，一个沿正时间移动的正电子等价于一个沿负时间移动的电子。不光电子如此，其他粒子也一样，这就意味着量子场论在微观尺度上允许时间倒流。正负电子的湮灭过程也可以这样理解：在 A 点，入射电子发射一个光子，并且产生一个新的电子，新电子向 B 飞去，在那里它发射出另外一个光子，然后变成一个沿负时间运动的带负能量的电子。

不可思议是吗？但费曼认为可以，因为两种方式在数学上是完全等价而没有区别的。

时间到底能不能倒流？目前看来，还是存在一个时间箭头能将过去和将来区分开来，那就是热力学第二定律。这个定律指出，在任何闭合系统中混乱度总是随时间而增加。这样就使时间有了方向，时间倒流看来是不可能实现的。

19.5 量子电动力学：精确度惊人的预测

粒子运动的主要特征是它们在时空中的产生和湮灭，而这主要来自于它们所对应的量子场之间的相互作用。在这个意义上，量子场论就是描述各种粒子体系运动方式的动力学模型。

量子场论的核心是前述三种基本场的第二种——媒介子场，或叫规范场。粒子之间的相互作用是通过交换规范场的粒子而实现的。规范场是传递相互作用的场，不同的规范场，传递不同的相互作用。四种基本相互作用对应引力场、强力场、弱力场、电磁场等四种规范场。规范场的粒子叫规范粒子。

人们最早认识的规范场是电磁场，电磁场的规范粒子是光子，电磁力的规范场理论称为量子电动力学 (quantum electrodynamics, QED)，它是描述带电粒子与光子间作用关系的。

量子电动力学认为，两个带电粒子之间的电磁力是通过互相交换光子而产生相互作用的，这种交换可以有很多种不同的方式。下面以两个电子之间的电磁力作用方式为例说明。

最简单的方式（见图 19-3）已经在 19.4 节中分析过了，是一个电子发射出一个光子，另一个电子吸收这个光子。具体过程是：其中一个电子放出一个光子，此电子变成能量较低的电子；放出的光子向第二个电子移动并被吸收，于是第二个电子变成能量较高的电子；然后第二个电子再放出光子被第一个电子吸收。如此循环往复，光子在两个电子之间不断前后传递，把能量和动量从一个电子传到另一个电子。每个电子的动量的变化率等于另一个电子向它施加的电磁力。

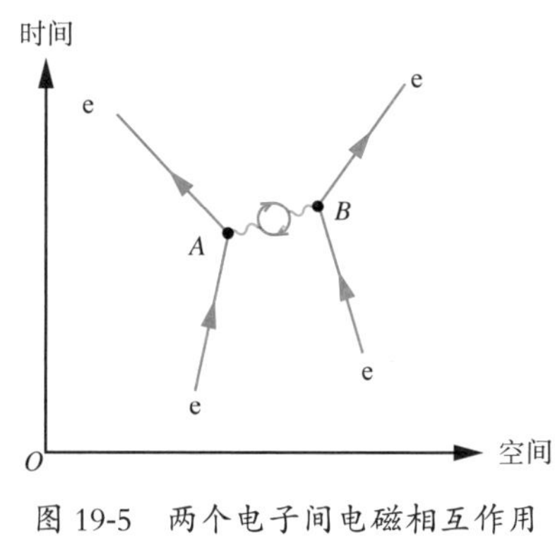

图 19-5　两个电子间电磁相互作用另一种过程的费曼图

稍微复杂一点的方式，是一个电子发射出一个光子后，光子变成一个“电子–正电子”对，然后这个正负电子对相互湮灭而形成另一个光子，这个光子才被另一个电子吸收（见图 19-5）。

更复杂的，产生出来的正负电子对还可以再进一步发射光子，光子可以再变成正负电子对……而所有这些复杂的过程，最终表现为两个电子之间的电磁力。

由于这些过程我们从未见过，是从理论上推导出来的，都是虚过程，这其中的粒子也都是虚粒子。既然从未有人见过虚过程，凭什么说这些过程就是正确的呢?

描述电子自旋有个物理常数叫 g 因子（一个磁矩和角动量之间的比例常数），如果没有虚过程，g 因子在量子理论中的数值应该是 2，而按以上虚过程理论预测，则 g 因子数值为 2.00231930476。目前所测的实验值是 2.00231930482，考虑到实验的误差，这个预测结果是如此惊人的准确，不由得人们不承认以上理论的正确性。用费曼的话来说，这一精度相当于测量纽约与洛杉矶之间的距离而误差只有一根头发丝的粗细。

19.6 量子色动力学：夸克禁闭

强力场的规范粒子是胶子，强力场的规范场理论称为量子色动力学(quantum chromodynamics, QCD)，是描述夸克与胶子间作用关系的。但是迄今为止，所有的实验都未发现单个的自由夸克和自由胶子，即使使用目前加速器所能产生的最高能量的粒子束也未能将夸克、胶子从强子中轰击出来。人们实在无能为力，只好把这种现象叫“夸克禁闭”。

量子色动力学对此的解释是：当夸克间距离介于 10^{-16}~10^{-15}m 时，夸克的结合势能随距离增大而线性增加；当夸克间距离达到 10^{-15}m 数量级（约等于原子核的空间尺度）时，结合势能随距离增大而无限增大，这就导致了“夸克禁闭”。

但夸克究竟是由于轰击粒子束能量不够而暂时禁闭，还是只能存在于强子内部而永久禁闭，尚待实验的检验。

量子场论虽然与实验惊人地符合，但是也存在一些瑕疵。量子场论包含大量复杂和冗长的演算，而且在数学推演中会出现许多无穷大，需要通过所谓的“重正化”方法把它们消去。从这个角度来看，它也许并不是一个彻底的和完成的理论。

20 超弦理论：万物至理？

爱因斯坦在完成广义相对论后，终其一生，都将主要精力放在另一项伟大的工作上——统一场论。他希望把由广义相对论来描述的引力场和电动力学描述的电磁场用一个统一的理论来描述。遗憾的是，爱因斯坦失败了。后来人们又发现了弱力和强力，要想建立统一理论，就必须把四种力都统一起来，难度更大了。目前，也许只有超弦理论以及在其基础上发展起来的 M 理论能为我们带来一丝希望之光。

20.1 统一理论的探索

对于物理学家们来说，标准模型里的粒子和力太多了，他们不相信自然界会如此繁复地造物，所以他们希望用一个统一的理论框架描述标准模型。但是当他们试图将规范场理论推广到弱相互作用时却遇到了困难，原因是根据规范场理论，规范粒子的静止质量应为零，而弱力的性质表明传递弱力的粒子有静止质量。

20 世纪 60 年代，格拉肖、温伯格、萨拉姆等人在对称性自发破缺概念的基础上，将弱力和电磁力统一起来，建立了弱电统一相互作用规范场理论，称为电弱统一理论。该理论认为弱力和电磁力在能量大于 1000GeV（$G=10^9$）时是统一的对称的力，其规范粒子的静止质量为零，但能量降低到 1000GeV 以下时，部分规范粒子在希格斯机制的作用下变得有了静止质量，于是统一的电弱力分化为电磁力和弱力。这个过程被称为电弱统一相变。

电弱统一理论经受了实验的检验，取得了巨大的成功。这一成功鼓舞了物理学家进一步将强力和电弱力统一起来的大统一规范场理论研究，以及将所有的力统一起来的超统一规范场理论研究（见表 20-1）。

表 20-1　各种统一理论所统一的基本力

理论	统一的基本力
电弱统一理论	电磁力、弱力
大统一理论	电磁力、弱力、强力
超统一理论	电磁力、弱力、强力、引力

大统一理论认为，强力在高能时变弱，而电磁力和弱力在高能时变强，当能量达到约 10^{15}GeV 以上时，三种力强度接近一致，因而可能是同一种力的不同方面。

大统一的能量标度 10^{15}GeV 是一个十分巨大的能量，它对应的温度是 10^{28}K（太阳中心的温度只有 1.5×10^{7}K），靠普通方法根本无法达到。然而根据现代宇宙学，宇宙是由 130 多亿年前的大爆炸演化而来，其能量可能有这么大。因此，我们可以借助宇宙这一天然实验室来检验大统一理论。经估算，当初宇宙的能量为 10^{15}GeV 时，宇宙大爆炸产生的时间尺度只有 10^{-35}s，空间尺度只有 10^{-31}m。

超统一理论认为，当能量标度大于 10^{19}GeV 时，四种力统一为一种力。人们称 10^{19}GeV 为普朗克能量，与之对应的时间和空间尺度分别为普朗克时间（5.4×10^{-44}s）和普朗克长度（1.6×10^{-35} m）。其主要观点是：现有的四种力场在大爆炸开始到普朗克时间这段时间内是超对称的统一的规范场，随着能量的下降，先后发生超统一相变、大统一相变和电弱统一相变三次自发对称性破缺，最终形成了引力场、强力场、弱力场、电磁场等四种规范场。

大统一理论和超统一理论目前还处于发展之中，并没有完全成型，这是现代物理学的最前沿，它涉及宇宙学、粒子物理学、广义相对论、量子场论等各个理论物理的尖端领域。目前，物理学家们已经发展了多种理论模型，其中比较受重视的理论有超弦理论、量子引力场论以及 M 理论（或叫膜理论）等。

我们可以梳理一下现代物理学的主要逻辑（见图 20-1）。一是狭义相对论和量子力学相结合建立量子场论（只涉及电磁力、弱力和强力）；二是把广义相对论和量子力学相结合，试图建立有关引力作用的量子场论，又称量子引力场论（不涉及电磁力、弱力和强力）。最终，我们可以把上述两种逻辑走向合并，即把电磁力、弱力、强力和引力四者统一起来，这正是超弦 / M 理论的雄心所在。

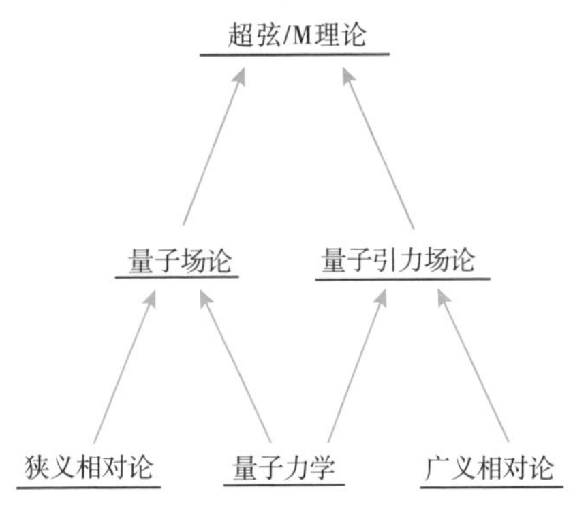

图 20-1　现代物理学基础理论的逻辑走向

20.2　宇宙的琴弦：超弦理论

20 世纪 70 年代，人们已经成功地用量子场论描述了电磁力、弱力和强力，却在构建引力的量子场理论时遇到了困难。引力是由广义相对论描述的，一个使人尴尬的事实是，把广义相对论和量子力学融和起来的所有计算，都得到一个相同的答案——无穷大。

1968 年，有物理学家偶然发现欧拉 β 函数能描述强力的大量性质。1970 年，物理学家们证明，如果用一维的振动的“弦”来模拟基本粒子，那么它们的强力就能精确地用欧拉函数来描写，弦理论由此诞生。

1984 年，物理学家们在弦理论中引入超对称性（将玻色子和费米子对应联系起来的一种对称性，还没有被实验证明），从而使其能够将四种基本作用力自然地统一起来。这种超对称性的弦理论被称为“超弦理论”。

超弦理论将广义相对论与量子力学和谐地统一起来，用来回答有关自然最基本的物质构成和力的原初问题。将引力自然引进量子理论是超弦理论最吸引人的特点之一，而无须“重整化”数学技巧无穷大就会消失是另一个吸引人的特点，于是引发了研究热潮，这就是所谓的“第一次超弦革命”。

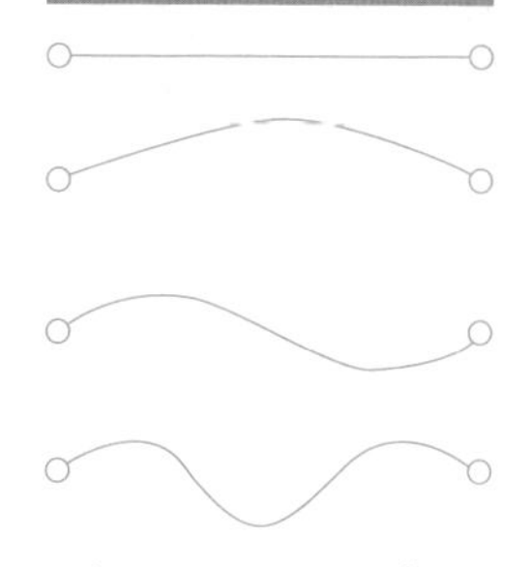
图 20-2　两端为节点的开弦

超弦理论的基本思想是：所有基本粒子（轻子、夸克、光子、引力子，等等）其实都是由一根一维的弦构成。弦可以有两种结构：开弦和闭弦。开弦具有两个端点（见图 20-2），闭弦是一个没有端点的闭合圈（见图 20-3）。这些弦一般只有普朗克长度（10^{-35}m）的尺度。

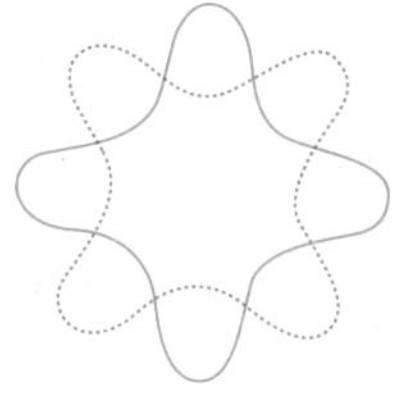
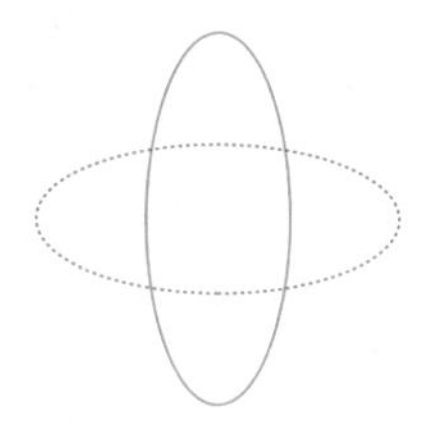
图 20-3　振动的闭弦

超弦理论中，一个基本粒子的质量、电荷、弱荷、色荷等性质都是由构成它的弦产生的精确共振模式决定的。如果弦的振动剧烈，其能量就大，根据质能关系，质量也就大。这就像我们拨动琴弦时，琴弦振动不同，发出的声音也不同一样。

但是，超弦理论却对空间维数有着很高的要求。为了有物理意义，它要求弦能在 9 个独立的空间方向振动，也就是说，需要 9 维空间，再加上时间，那就是 10 维时空。这 9 维空间除了我们熟悉的 3 个空间维外，还有 6 个卷缩在普朗克长度尺度下的空间维。当然，这 6 个维度不是随便卷曲的，它们卷缩成所谓的卡拉比-丘成桐空间（见图 20-4）。这 6 个维度和弦的大小属于同一尺度，所以这些额外维度的几何形态将对弦的振动产生影响，从而影响粒子的性质。

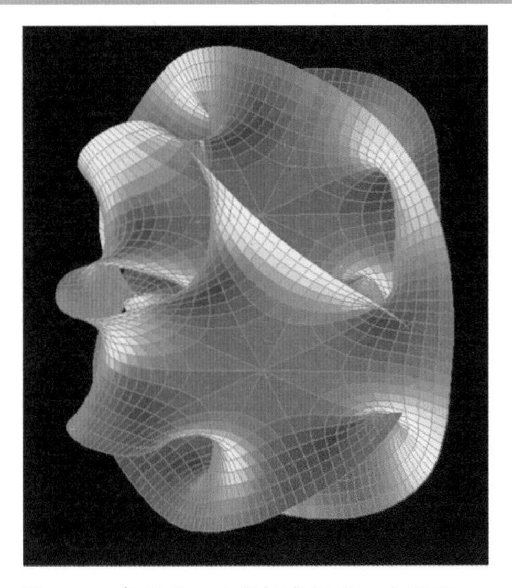

图 20-4　卡拉比 - 丘成桐空间的一个例子
有成千上万种卡 - 丘空间形态都能满足弦理论的要求

1985 年，物理学家们又有了新的发现，他们发现超对称性可以通过五种方式和弦理论结合起来，且每一种都是自洽的。也就是说，同时出现了五种超弦理论。这五种超弦理论可以分为三大类：I 型、II 型（IIA、IIB）和杂化型（杂化 O 和杂化 E）。I 型理论中的弦可以是开弦也可以是闭弦；II 型理论和杂化型理论中的弦都是闭弦。

除 I 型理论外，其他四种超弦理论都是闭弦。对于闭弦而言，自然界中所发生的一切相互作用，只用一种相互作用就能解释，那就是弦的分裂和结合（见图 20-5）。两根弦可以结合在一起形成一根弦，相反一根弦也可以分裂成两根。

闭弦的相互作用对由费曼图所表示的物理过程给出了一种看上去更直观的描述，比如图 20-6 就是用弦表示的两个电子相互作用的时空图。当一根闭弦在运动的时候，它在时空图中扫过的轨迹是一根管子；当发生相互作用时，弦的分裂和结合就像管子的分离与交汇，人们把这种图像形象地称为“世界叶”。

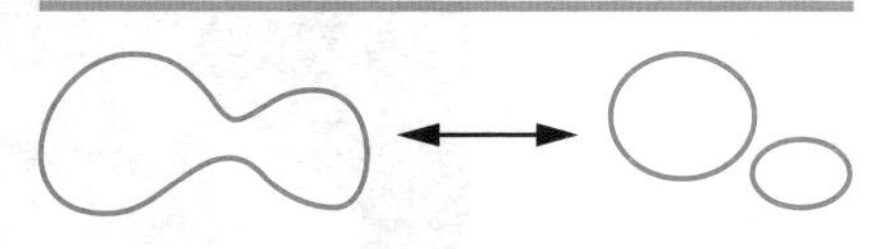

图 20-5　闭弦的相互作用

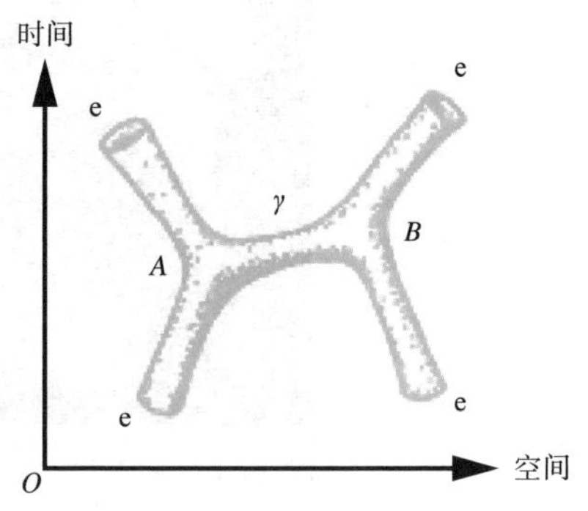

图 20-6　两个电子间电磁相互作用过程的时空图，可以与图 19-3 对比

20.3　M 理论：终极理论？

实际上，五种超弦理论的出现虽然令人惊喜，但也给物理学家们带来了烦恼：为什么会有这么多呢？这还不止，又有一种被称做“11 维超引力”的理论加入了超统一理论的大家庭中，它的

基础是点粒子，而不是弦。一下子冒出这么多“万物至理”，让人们既尴尬又不安。

这种困扰一直持续到 1995 年，美国物理学家爱德华·威滕（Edward Witten）提出一种能将五种超弦理论和 11 维超引力理论包容在一起的新理论——M 理论。他能证明，这 6 种理论只是 M 理论的某些极限情况。打个比方，如果 M 理论是一只大象，那么先前的 6 种理论只不过是大象的脚底板、尾巴尖和长鼻头而已。

一石惊起千层浪，M 理论向终极统一理论又迈近了一步，引起了超弦理论的又一次研究热潮，也就是所谓的“第二次超弦革命”。

M 理论的 M 代表什么意思众说纷纭，但也许认为它代表“膜”更准确，所以 M 理论也叫“膜理论”。

在 M 理论中，空间又被扩展了一维，成为 10 维空间，加上时间就是 11 维时空。超弦理论已经有了 6 个卷缩在普朗克长度下的维度，再加一个看起来也似乎无足轻重。但是，M 理论加入的这一新维度却不一定是微小的卷缩维度，它可以是一个非常大的维度。这就改变了我们思考世界的方式，这就意味着“弦”会被拉伸为“膜”，基本物质组成不再只是一维的振动弦，还有零维的点粒子、二维的振动膜、三维的涨落液滴，以及不同维数的高维“膜”，一直到多达 9 维都有对应的结构。它们在大小上可以有很宽的范围，小到可以描述基本粒子，大到可以包含所有可观测空间。一般把 p 维的“膜”记为“p–膜”，比如弦是“1–膜”，我们所在的三维空间是“3–膜”。根据 M 理论，是膜的相互碰撞导致了各种粒子的产生，甚至连我们的宇宙也是膜碰撞的产物。

可以说，第一次超弦革命统一了量子力学和广义相对论，发现了量子自洽的五种超弦理论；而第二次革命统一了五种不同的理论，预言了一个更大的 M 理论的存在。

20.4 平行宇宙

由于 M 理论中的新增维度可以非常大，所以就能得到一个推测：我们的宇宙可能是漂浮在一个更高维度空间中的 3-膜。换言之，高维空间中有很多 3-膜，也就是说，有很多平行宇宙，我们的宇宙只是其中一个而已。这个图像我们无法直观想象，只能用三维空间中的二维宇宙来做类比。如图 20-7 所示，从三维空间观察，一系列二维宇宙近在咫尺，但是对于只能感知到两个维度的生物来说，他们根本看不到别的宇宙。同理，也许另一个宇宙在第四空间维中与我们近在咫尺，我们却根本察觉不到。

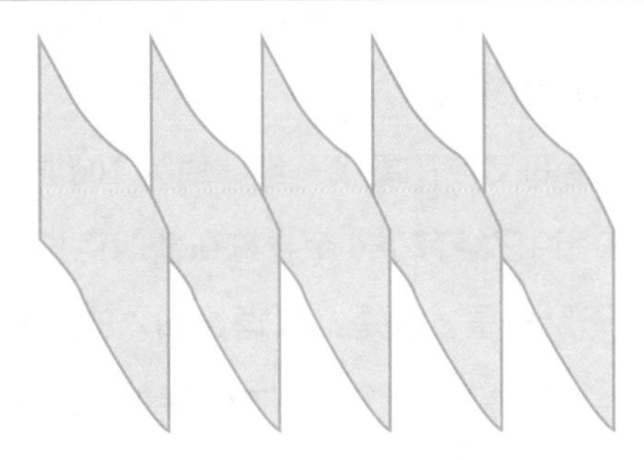

图 20-7　三维空间中的二维宇宙虽然离得很近，但它们却互相无法探测到

M 理论中这种平行宇宙与艾弗雷特在多世界诠释（见 13.5 节）中构造的平行宇宙不同。打个比方来说，M 理论中的平行宇宙是一个个各不相同的人，而艾弗雷特的平行宇宙是一个人不断地分裂成新的类似的人。就个人而言，我认为艾弗雷特的分裂是荒唐的，而存在各不相同的平行宇宙则是很正常的，既然宇宙可以诞生，我们就没有理由认定仅仅诞生我们这一个宇宙。

M 理论的一个关键因素是狄利克雷膜的概念，它简称为 D 膜。人们证明，开弦的两端会很自然地黏在 D 膜上，而闭弦则没有这个约束。可以用开弦表示夸克、轻子、光子等大多数粒子，只有引力子例外，它是由闭弦描述的。因此，除了引力子之外，所有的粒子都很自然地黏在 D 膜上。另一方面，引力子会自由地离开一个 D 膜，飞到其他维度上去。也就是说，引力子可以在更高维度的空间穿梭。

我们的宇宙就是一个 D 膜，这就解释了为什么引力会比其他三种力弱 30 多个数量级。其实引力本来也是很强的，但引力子四散而开，使它的强度泄漏到了其他维度，所以我们的宇宙感受到的引力非常微弱。与之相反，其他三种力的传递粒子被牢牢固定在我们的宇宙中，所以我们感受到的力异常强大。

现在，M 理论还是处于发展中的理论，M 理论本身的理论框架还没有完全建立。关键是，超弦理论和 M 理论还没有经过严格的实验验证，也没有完全被科学界接受。这其中，超对称性是很关键的一个问题，因为超对称性要求一个费米子和一个同质量的玻色子两两配对，而这在自然界中根本没有发现过。作为通向宇宙终极理论的一块奠基石，其结果如何只能等待时间的检验。

附录　是否存在交叉宇宙？

关于宇宙，我还有一点个人想法提出来与读者朋友们探讨。目前的平行宇宙都是把所有宇宙都定义为跟我们宇宙的三维方向平行的三维空间。也就是说，假如说空间有四个维度（w,x,y,z），那么所有平行宇宙都处于（x,y,z）方向的空间内，它们都看不到另一个维度 w。但我有一个疑问，为什么没有处于（w,x,y）（w,x,z）（w,y,z）三维空间的宇宙呢？如果有这样的宇宙的话，它将与我们的宇宙有一个交叉面。比如（w,x,y）空间将与我们的（x,y,z）空间有一个 xy 交面。在 M 理论中，空间有十个维度，那么平行宇宙将会与我们的宇宙有多少交汇呢？暗物质与暗能量是否与这种交汇有关呢?

作为直观的类比，图 20-8 给出了三维空间中的二维平行宇宙与交叉宇宙的区别。

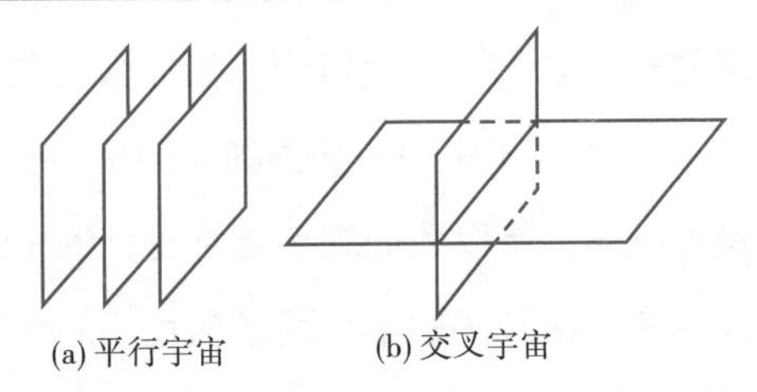

图 20-8　三维空间中的二维平行宇宙互不干涉，而交叉宇宙则有一条交线

21 宇宙大爆炸

宇宙永远是人类永恒的话题。就像孩子总是爱问妈妈他是怎么来到这个世界上一样，人类总是希望知道创造了自己的宇宙是怎么诞生的。对宇宙演化的探索是人类对自己生存环境的终极探索。

宇宙是如此浩瀚，以至于用人类常用的距离单位是远远无法度量的。宇宙中最常用的距离单位是光年，1 光年就是光在真空中行进一年走过的距离——94600 亿 km。目前观测宇宙学告诉我们，宇宙中可观测的天体可分为行星、恒星、星系、星系团、超星系团、观测所及的宇宙（总星系）等层次，但宇宙中大量的暗物质和暗能量对人类还是一个未解之谜。从大尺度来讲（大于 1 亿光年的尺度），宇宙中物质是均匀分布和各向同性的，据此可推断宇宙中所有位置都是等价的，不存在宇宙中心，也没有边界。

宇宙的一个重要特征是，它在不断地膨胀，因此，人们建立了以大爆炸为主要特征的宇宙模型来解释宇宙及物质的起源。

21.1 膨胀的宇宙

1842 年，奥地利物理学家多普勒指出，如果光源和观察者之间有相对运动，会使观察者接收到的光源波长发生变化。如果光源离我们而去，我们接收到的波长变长，如果光源朝我们而来，我们接收到的波长变短，这种现象称为多普勒效应。对于可见光来说，波长变长，就是往红光方向移动，所以光源离我们而去时叫做红移。反之，光源朝我们而来波长往蓝光方向移动，就叫蓝移。

从 1912 年开始，美国天文学家斯里弗开始观察星云的光谱，经过几年的观察，他发现绝大多数星云的光谱线与正常元素的光谱线相比，整体向长波一端移动了一段距离，也就是发生了红移。根据波长红移的移动量，就可以计算出星系与我们的距离，也可以计算星系的退行速度。

后来美国天文学家哈勃开始进行这方面研究。哈勃首先确认了星云是和银河系一样的另外的星系，然后对星系光谱红移的规律进行研究。1929 年，他总结出一个规律：星系的退行速度与它离我们的距离成正比，后来被称为哈勃定律。

现在人们已经观测到 1250 亿个星系，除了几个离银河系最近的星系外，其他星系都在红移。红移现象表明，星系都飞快地远离我们而去，距离越远的星系退行速度越快，星系间的距离在不断变大，也就是宇宙正在膨胀！这个结论被认为是 20 世纪最伟大的天文学发现之一。

几个离银河系最近的星系显示出很小的蓝移现象，例如仙女座星系的光谱与我们相比发生蓝移。其原因是因为太阳系在绕银河系中心运动，正好朝着仙女座星系运动，仙女座星系离我们近，退行速度慢，所以抵消了仙女座星系的退行。

有人问了，为什么所有星系都离我们远去呢？难道我们处于宇宙的中心吗？

事实上，宇宙并不存在中心，在膨胀的宇宙中，所有星系都在互相退行。在任何一个星系中观测，都能看到其他星系在离它远去。宇宙膨胀绝不是一个像炸弹爆炸似的有一个中心爆炸点的过程，它是一个三维空间的膨胀过程，你只有站在四维空间中才能完整地观察到三维空间的膨胀，这对我们来说是很难直观想象的，我们只能以类比的方式用二维空间的膨胀来做个说明。

下面我们从三维空间中观察一个二维空间的膨胀，这个二维空间是一个正在膨胀着的气球表面，宇宙中的星系就像点缀在气球表面上的一些点（见图 21-1（a））。气球膨胀时，从任何一点来看，其他点都在远离，两个点远离对方的速度与它们之间的距离成正比（见图 21-1（b））。要认识到，并不是这些点在运动，而是这个二维平面空间在膨胀，所以空间各点相互远离，这些点的空间相对位置并没有变化。同理，我们的宇宙空间就是一个三维闭合球面。爱因斯坦在其著作《狭义与广义相对论浅说》中第 31 节《一个“有限”而又“无界”的宇宙的可能性》中写道：

“对于这个二维球面宇宙，我们有一个类似的三维比拟，这就是黎曼发现的三维球面空间。它的点同样也都是等效的……不难看出，这个三维球面空间与二维球面十分相似。这个球面空间是有限的（亦即体积是有限的），同时又是无界的。”

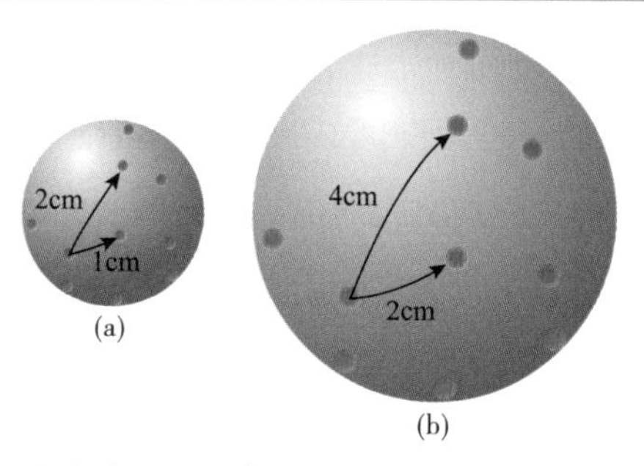

图 21-1　当气球膨胀时，表面各点相互远离，不存在膨胀中心

我们与其他星系的远离是由于空间在膨胀，而并非由于每个星系自身的运动。比如距离我们几十亿光年远的星系，其退行速度高达每秒十万公里（光速的 1/3），星系自身是根本不可能有如此速度的，这是空间的膨胀才导致处于空间各处的星系能以如此惊人的速度相互远离。

此外，我们由气球表面上各点一致的地位，可以看到在这个气球的表面不存在膨胀的中心，也不存在任何边缘，所以在这个气球表面的人不会掉出去。同理，如果有人要寻找宇宙的边缘，那是永远也找不到的，因为宇宙空间并非平直空间。宇宙是一个封闭的四维时空，虽然体积有限，但不存在边缘。假如你能坐着宇宙飞船沿着你在三维空间中感觉到的直线在宇宙中一直走下去，那么你最后还会回到出发点。就像二维球面世界里的人沿直线一直走最后会回到起点一样，他认为他一直在向前，实际上三维空间的观察者会看到他绕了一个大圈子。同理，你在宇宙中沿着你认为的直线方向一直向前，实际上四维空间的观察者会发现你正在三维空间里绕一个大圈子。但是，三维空间里的大圈子是什么样的，只能感知三维的人类是无法知晓的，就像二维球面里的人只有跳到三维才能看到他的二维闭合球面一样，我们只有站在四维空间里才能看清三维闭合球面的结构，这是不可能办到的。

21.2 广义相对论与宇宙学

现代宇宙学是建立在爱因斯坦广义相对论基础上的。1916 年，爱因斯坦将狭义相对论推广为广义相对论，把万有引力纳入相对论的框架，提出了物质会使时空发生弯曲，而引力场实质上就是弯曲时空的观点。也就是说，引力实际上就是物体在弯曲时空中运动的表现。物理学家惠勒曾用一句话来概括：

“物质告诉时空如何弯曲，时空告诉物质如何运动。”

时空可不是软柿子，不是随随便便就能弯曲的，只有具有天体质量的物体才能让它明显弯曲。我们可以设想一下，你把一个铁球放到橡胶垫子上，铁球周围的垫子会被压出一个凹坑，橡胶垫出现了弯曲，但是你说这个铁球能使时空弯曲多少，那就基本为零了，时空的弯曲程度可以忽略不计。我们可以做一个简单的比较：假设橡胶垫子的坚硬程度为 1，

那么钢的坚硬度是 10^{11}，时空的坚硬度则高达 10^{43}，如此高的坚硬度，也只有天体能让它弯曲了！

时空竟然比钢铁还坚硬亿万倍，这太荒谬了吧？！这也许是你的第一反应。但是，让我们静下心来好好想一想就会发现这是可以理解的。铁球能让橡胶垫弯曲，这是因为橡胶垫支撑住了铁球的质量，如果放在一张纸上，铁球就会把纸压破掉到纸外去，所以橡胶垫比纸坚硬。那么你想一想，什么东西能承载质量是天文数字的各种天体呢？唯有时空！天体在不停地运动，就像铁球在橡胶垫上不停滚动，天体可以把经过的时空“压”弯，但不会掉出去（如果掉出去，就到了另外一个宇宙的时空中了）。

关于时空的坚硬度，还可以换一个角度来看。时间一旦流逝就再难改变，想让时间维度伸缩那是难上加难，这岂不是坚硬无比吗？

当然，时空的弯曲和橡胶垫的弯曲是不同的，因为橡胶垫是三维物体，它的弯曲我们很容易看到，而时空是四维的，四维时空本身就很难想象其图像了，至于其如何弯曲就更难想象了。假如有一个生活在橡胶垫表面（图 21-2 的 xy 平面）的二维人，他是无法想象橡胶垫在厚度方向（z 方向）的弯曲的，他只能通过测量 xy 平面的弯曲来间接证明 z 方向的弯曲。如果你非常想知道四维时空弯曲的图像，那么可以把图 21-2 中的 xy 平面看作三维空间，z 轴看为时间轴，那么时空的弯曲就是图中的样子了。当然，我们虽然难以想象四维时空的弯曲是什么样子的，但可以间接证明它。爱因斯坦根据时空弯曲作出的天文学预言后来被一一验证，证明了时空弯曲是实实在在存在的。

爱因斯坦指出，在引力场中，自由粒子沿时空短程线运动。大质量的天体会使周围的时空发生明显弯曲，从而使通过其中的光线发生弯曲。当然，光是沿着最短路径行进的，但由于空间本身发生了弯曲，所以在空间中行进的光线也会跟着弯曲，它不可能突破三维空间跑到四维空间中去走直线。

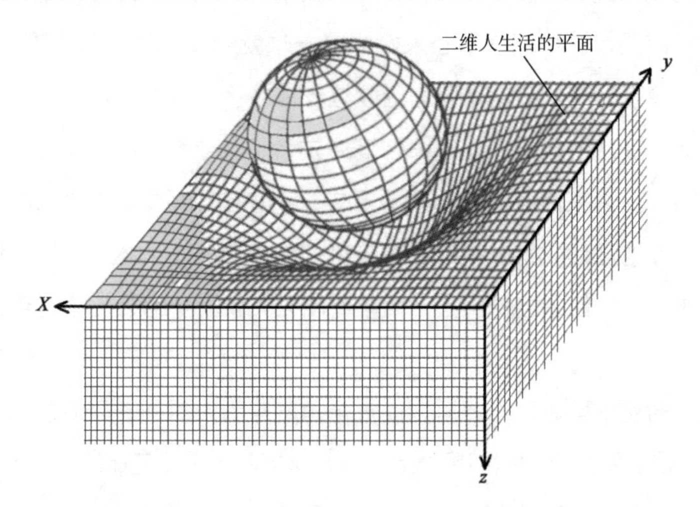

图 21-2　生活在 xy 平面内的二维人无法想象 z 方向的弯曲

射电天文学的发展为验证光在引力场中的偏转提供了精确的工具。如果射电星发射的电磁波（也就是光）经过太阳旁边，相应的电磁波就会受到引力场的作用而发生偏转。1974 年，美国科学家利用两个相距为 3000km 的射电望远镜，测量了波长为 11.1cm 的射电波，结果表明：经过太阳附近的射电波确实发生了偏转。这就证明了太阳附近的空间确实发生了弯曲。科学家们还通过光谱线引力红移和雷达回波延迟等效应证明了大质量天体附近的时间也是弯曲的。

时空的性质由引力决定，即由产生引力的物质决定。广义相对论的引力场方程（又称爱因斯坦场方程），是广义相对论的核心，它使用数学语言精确地描述了物质及其运动与时空的几何结构的关系。引力场方程并不复杂，但是它竟然可以描述宇宙的创生及演化过程，这实在是让世人为之惊叹。现在的宇宙模型就是在广义相对论的基础上发展建立的。

1917 年，在提出广义相对论之后不久，爱因斯坦就开始思考如何将这一理论用于宇宙研究。当时天文学家们仅仅只了解我们的银河系，甚至认为银河系就是整个宇宙，因而自然而然地认为宇宙是静态的——既不膨胀，又不收缩。但是爱因斯坦惊讶地发现，引力场方程描述的宇宙是动态的，不是膨胀就是收缩，永远不会是静止的。为了使宇宙保持静态，爱因斯坦只好假设另外有一个反引力与引力相抗衡。于是，他在引力场方程中引入了一个新的常数，并称为“宇宙常数”，用希腊字母 λ 表示。

1929 年之后，天文学家们已经认识到，银河系只不过是诸多星系中的一个，遥远的星系正在离我们而去，宇宙不是静态的，而是膨胀的。爱因斯坦得知后马上放弃了宇宙常数，并将引入宇宙常数评价为自己一生中“最大的失误”。

山重水复疑无路，柳暗花明又一村。从 1998 年起，越来越多的天文观测证据表明，宇宙不但在膨胀，而且在加速膨胀，这就意味着的确有一个与引力相抗衡的力，宇宙常数可能确实存在。现代量子宇宙论认为，宇宙常数是宇宙量子真空涨落的结果，等效于真空能量密度。也就是说，爱因斯坦的宇宙常数在今天看来，就是真空能。但是人们发现当前宇宙常数值太小，而且宇宙常数与现在的宇宙物质密度巧合地具有相同的数量级。对此现有物理学理论还无法给出合理的解释，因此宇宙常数问题也成为物理学和天文学上的重大疑难之一。

广义相对论解释了宇宙天体中的许多现象，预言了黑洞、虫洞等的存在，开辟了探索宇宙本质的新视野，为现代宇宙学奠定了坚实的基础。

21.3 宇宙理论的发展

1932 年，比利时天文学家勒梅特首次提出宇宙大爆炸的假设，用这一假设，星系的退行可在爱因斯坦广义相对论框架内得到解释。1948 年，移居美国的苏联物理学家伽莫夫在勒梅特的基础上正式提出宇宙大爆炸理论，认为宇宙是由一个无限致密炽热的“奇点”于一百多亿年前的一次大爆炸后膨胀形成的。

宇宙模型中的空间是有限的，但没有边界。所以大爆炸中的爆炸并非我们日常生活中见到的爆炸过程，事实上应该理解为空间的急剧膨胀，而整个空间是一个像二维球面一样能弯曲地回到原来位置的三维闭合球面。

伽莫夫在 1948 年有一个惊人的预言：宇宙演化过程中残留下来的电磁辐射（以光子的形式）在宇宙中自由传播，成为大爆炸的“遗迹”残存至今，但是其温度已降低到只比绝对零度高几度，这就是所谓的“宇宙背景辐射”。1965 年，美国科学家彭齐亚斯和威尔逊在微波波段上探测到具有热辐射谱的宇宙背景辐射，温度大约为 3K，验证了伽莫夫的预言。随后，更多的科学家在更多的波段内验证了背景辐射的存在，从而为大爆炸宇宙学模型提供了令人信服的证据。图 21-3 为欧洲航天局根据“普朗克”太空探测器传回的数据绘制的宇宙背景辐射图。

到 20 世纪 80 年代初，科学家们对大爆炸理论进行了修正，提出了暴胀宇宙模型。暴胀理论认为宇宙初期曾经发生过膨胀速度高到无法想象的超急剧膨胀。就宇宙膨胀来说，这一插曲极其短暂，暴胀仅仅从

图 21-3　宇宙背景辐射全景图

反映了宇宙诞生 38 万年后的景象，亮的地方温度高，暗的地方温度低，温差幅度约 0.0002K

大爆炸开始后 10^{-36}s 持续到 10^{-32}s，但是暴胀却使宇宙从比原子还小的体积扩张到了直径约 10cm 的球体。从某种意义上说，暴胀的速度超过了光速，因为要想通过 10cm 的空间，光需要 3.3×10^{-10}s 的时间。不过暴胀是空间自身的膨胀，并非某种物体在以超光速运动，所以这是可能的。

至此，大爆炸理论已经比较完善了，但是还剩下一个最让物理学家们头疼的问题——宇宙诞生时的“奇点”问题。奇点出现了物理上所不期望的无穷大量（无穷大密度、无穷大压强等，我们在第 3 章中讨论过，无穷是一个纯数学概念，在物理中是不适用的）。大爆炸奇点处，一切科学定律都失效了，所以奇点是不可能真实存在的，这就构成宇宙学最大的疑难：奇性疑难。为了破解这个难题，出现了用量子理论来研究宇宙起源问题的量子宇宙学。宇宙诞生时的尺度是极小的，显然属于量子力学的研究范畴。

1982 年，霍金等人提出了将量子力学和广义相对论结合在一起的量子引力理论来研究宇宙起源问题，这一理论的特征是用费曼的路径积分方法处理爱因斯坦的引力理论。霍金用宇宙波函数来描述宇宙的量子状态，这个波函数给出宇宙按照特征量分布的概率幅，因此在量子力学的意义上，这种描述是完备的。霍金的量子宇宙学可以从“无”中生“有”（to give everything from nothing），避免了“奇点”的出现。在霍金的宇宙里，时间和空间构成了一个四维闭合球面。

老子在《道德经》的开篇就指明：“无，名天地之始；有，名万物之母。”这就是一种朴素的宇宙“无中生有”的哲学思想，竟和现在的宇宙起源理论不谋而合。

21.4 宇宙的演化

2013 年 3 月 21 日，欧洲航天局把宇宙的精确年龄修正为 138.2 亿岁。尽管宇宙如此古老，物理学家们仍然能根据天文学观测结果和广义相对论等理论提出合理的模型来计算宇宙的过去，推断宇宙的演化图景，实在让人惊叹。根据量子宇宙论、大爆炸宇宙论（含暴胀宇宙论的修正），我们可以大致勾勒出宇宙的起源和演化的历程。

（1）量子引力时代（$0<t<5.4\times10^{-44}$s）

宇宙由一个不存在时间和空间的量子状态（“无”状态）自发跃迁（即所谓“大爆炸”）到具有空间、时间的量子状态。因为量子状态是量子化的，所以不存在中间过程，宇宙“无中生有”地诞生了。在这个时期，物质场的量子涨落导致时空本身发生量子涨落并不断地膨胀，空间和时间以混沌的方式交织在一起，时空没有连续性和序列性，因而前后不分、上下莫辨。此时四种基本力不可区分，是一种统一的力，此时的时空为虚时空。

（2）普朗克时代（5.4×10^{-44}s$<t<10^{-36}$s）

当时间等于普朗克时间（5.4×10^{-44}s）时，虚时空发生超统一相变，实时空形成，粒子产生。相变点的能量是 10^{19}GeV，温度为 10^{32}K。此时时间和空间可以测量，但夸克和轻子不可区分，二者可以相互转化。相变破坏了力之间的对称性，引力首先分化出来，但强力、弱力、电磁力三种力仍不可区分。

（3）大统一时代（10^{-36}s$<t<10^{-32}$s）

随着宇宙温度继续下降，时间继续膨胀，当 t=10^{-36}s 时，温度降至 10^{28}K，发生大统一真空相变。相变过程中释放的巨大能量使时空以指数规律急剧地暴胀，直到 10^{-32}s 最后完成大统一相变。相变后，宇宙的空

间尺度增加了 10^{50} 倍，强力分化出来，夸克与轻子相互独立。

（4）夸克—轻子时代（10^{-32}s<t<10^{-6}s）

这段时期开始时，弱、电两种力不可区分。直到 t=10^{-12}s，温度降至 10^{16}K 时，发生电弱统一相变，中间玻色子基本消失，电磁力与弱力成为两种力。

（5）强子—轻子时代（10^{-6}s<t<1s）

t=10^{-6}s 时，温度降至 10^{12}K（1 万亿开尔文），发生夸克禁闭，凝聚成强子（即重子和介子）。在这一时期的粒子 – 反粒子对不断产生和湮灭，但产生的重子比反重子多了近十亿分之一，因而今天的宇宙是以正物质为主的宇宙。t=10^{-4}s 时，温度降至 1000 亿开尔文，宇宙进入轻子及其反粒子占主要地位的时代，重子中则主要只剩下质子和中子。这时的主要特征是粒子间的转化产生了大量的光子和中微子。

（6）辐射时代和核合成时代 [1s<t<3.8×10^{5}a（38 万年）]

当 t=1s 时，温度降为 100 亿开尔文，中子转变为质子的反应率超过质子转变为中子的反应率，因而总体上中子开始衰变为质子。正负电子不断湮灭转化为光子。这时，光子数大大超过具有静质量的粒子，每个质子或中子都对应着 10 亿个光子，宇宙以光子辐射为主，进入辐射时代。辐射（即光子）是一种能量形式，辐射密度（单位体积空间中的辐射能量）可以用温度来表示。

$t\approx$ 3min 时，温度降为 10 亿开尔文，中子数与质子数之比约为 1∶7。此时，质子和中子开始结合成包含一个中子和一个质子的氘核，氘核又很快结合成氦核。$t\approx$ 30min 时，中子基本上都和质子结合为氦核，剩余的质子就是氢核，所以氦核与氢核质量比约为 2∶6。中子在原子核中很稳定，于是宇宙中的中子数与质子数之比不再改变，一直延续至今。虽然有自由的原子核和自由的电子，但此时光子能量极高，足以击碎任何刚形成的原子，所以没有稳定原子形成，宇宙处于等离子体状态。等离子体像一团糨糊一样布满宇宙，光子在其中四处乱撞。光子、核子和电子之间通过电磁相互作用紧密地耦合在一起，互相碰撞散射，从而形成平衡态。

$t \approx 3.8 \times 10^5$a（38 万年）时，温度降至 3000~4000K，物质密度与辐射密度基本相等，光子能量不足以击碎原子，自由电子开始被原子核俘获，形成稳定的原子（主要是轻元素）。从此，自由核子和电子数大大减少，光子终于获得了自由运动的空间，宇宙开始变得透明，进入以物质为主的原子时代。这个 3000~4000K 的光子辐射不再被吸收，不断冷却至今，成为温度为 3K 左右的宇宙背景辐射。

（7）星系形成时代 [3.8×10^5a（38 万年）$<t<$10 亿年]

在这个阶段，宇宙内的实物粒了从等离子气体演化为气状物质。随着宇宙进一步膨胀和温度下降，气状物质被拉开，形成原始星系，并进而形成星系团，然后再从中分化出星系。理论和观测结果共同显示，最初的一批星系和类星体诞生于大爆炸后 10 亿年，从那以后更大的结构（如星系团和超星系团）开始形成。再后来，星系进一步凝聚成亿万颗恒星。在恒星演化过程中，又形成了行星和行星系统。

以上我们对宇宙的演化史做了一个概略的介绍，其中一些具体的数据尚有争议，但大致的过程基本上已取得广泛的共识，目前的实验数据也基本上是支持上述理论假说的。但是，宇宙学还在发展之中，未来人们会对此模型进行如何修正就很难说了。

21.5　恒星的演化

由炽热气体组成的、凭借内部核反应而能够自己发光的天体称为恒星。银河系就包含约 2000 亿颗恒星，太阳只是其中的普通一员。

恒星有其诞生、稳定和衰亡的演化过程，这一过程大约要持续几十亿甚至上百亿年。在恒星的形成和演化中，万有引力起着至关重要的作用。

大爆炸后约 10 亿年，宇宙中充满了以氢原子和氦原子组成的星际气体。星际气体透明、极度稀薄，在宇宙大尺度范围内基本均匀，然而也存在一些局部区域的密度涨落。如果某区域的气体密度稍高于周围其他区域，那么这一区域就会因引力稍强而吸引更多的物质到这里，使该区域的密度、温度变得更高一些。经过漫长岁月的演化，随着密度的增加，氢原子结合成 H_2 分子，产生出巨大的星际分子云。

当星际分子云内部出现密度更高的部分时，在引力作用下，它会把周围物质吸引过来，这些物质旋转着向中心聚集，不断收缩，于是中心出现了一个核，核周围则形成旋转的气体圆盘。至此，一颗恒星的诞生条件已经具备。随着引力收缩的进行，核心的温度、压力、密度持续增高，H_2 分子重新分解为氢原子。当核心温度达到 1×10^7℃（1000 万摄氏度）时，氢聚变为氦的热核反应点燃，一颗耀眼的恒星自此诞生。

恒星自诞生起，其中心就进行着熊熊的氢聚变反应，每 4 个氢原子核（即质子）聚变成一个氦原子。氢聚变反应放出的巨大核能向恒星外部猛烈冲击，阻止了引力收缩，从而维持了内部压力与引力的平衡，使恒星在这一过程中保持稳定。这一过程稳定而漫长，约占恒星整个核燃烧时长的 99%，这一阶段的恒星被称为主序星。我们的太阳就处于主序星阶段，它每秒钟都会失去 4.3×10^6t（430 万吨）的质量（6 亿吨氢聚变为 5.957 亿吨氦），即便如此，它也至少可以燃烧 100 亿年。今天的太阳已走过了其生命历程的一半。

当恒星中心的氢全部聚变为氦后，大小不同的恒星接下来会沿着不同的方向演化：

（1）质量比太阳质量的一半还小的恒星，由于中心温度和密度达不到点燃氦聚变反应的程度，将直接由主序星演化为白矮星。白矮星颜色呈白色，体积很小，多数比地球还小，但密度相当大，每立方米可达几百万吨到上亿吨之巨。

（2）质量比太阳的一半大、但比 8 个太阳质量小的恒星，将由主序星首先演化为红巨星，然后演化为白矮星。

这类恒星中心的氢全部聚变为氦后，中心能量剧减，辐射压力不足以与引力抗衡。因此，有着氦核和氢外壳的恒星中心又开始引力收缩，温度、压强、密度随之升高，于是外壳的氢被点燃并猛烈膨胀，恒星的体积变得十分巨大并发出明亮的红光。处于这种状态的恒星被称为红巨星。50 亿年后，太阳将变为红巨星，到那时，它的光亮度将增至如今的 100 倍，体积会膨胀 100 万倍以上，整个地球都会被膨胀的太阳所吞噬。

当恒星中心区收缩到约 1 亿摄氏度的高温时，中心的氦被点燃，发生氦聚变反应，氦原子会聚变成碳原子和氧原子：

$$3\,{}^{4}\mathrm{He} \longrightarrow {}^{12}\mathrm{C}+\gamma$$

$${}^{12}\mathrm{C}+{}^{4}\mathrm{He} \longrightarrow {}^{16}\mathrm{O}+\gamma$$

于是恒星又进入了一个新的核燃烧阶段。

质量小于 8 个太阳质量的恒星在经历了红巨星阶段后，外层物质被大量抛洒到宇宙中形成星云，留下的核心质量小于 1.44 倍太阳质量，此核心会继续收缩，但它的引力还不足以引发碳元素的核聚变，所以最后会变成一颗碳–氧型白矮星。

（3）对于大于 8 个太阳质量的恒星，在经历红巨星阶段后会发生超新星爆发，把大部分物质抛洒到太空，最后剩下的核心变为中子星或黑洞。

如果恒星质量足够大，氦燃尽后，引力收缩又会使中心区的碳被点燃发生碳聚变，生成氧、氖、钠、镁、硅等较重元素。如此，新的核燃烧会一个接一个地进行：碳之后，氧燃烧，然后是硅、镁等，直到恒星中心区大部分是铁核时，核聚变反应终止。铁是核物质中最稳定的元素，它不会聚变，因此中心铁核不再产生热能，这样，恒星会因为核心失去支撑而极速坍缩，于是发生剧烈的核爆炸，称为超新星爆发。

超新星爆发是宇宙中最剧烈的爆炸，大恒星这种炫丽的死亡方式所释放的能量超过太阳在 100 亿年中放出的能量总和的 100 倍。如此巨大的能量会在一瞬间聚变出宇宙中所有的元素，这些元素就成为生命诞生的原材料。超新星爆炸喷发出的星尘在宇宙中飘荡，我们的星球和我们的身体都由这些星尘组成。可以说，生命产生的代价是昂贵的，它需要一颗大恒星壮烈的牺牲。

超新星爆发后恒星的中心残骸质量大于 1.44 倍太阳质量，巨大的压力会把电子挤压到原子核里与质子形成中子。最后形成的稳定天体就是中子星。中子星几乎就是把中子一个个紧挨着排列而成的巨大原子核。中子星的密度可达每立方厘米 1×10^{9}t（10 亿吨）。中子星的质量上限为 3.2 倍太阳质量。

如果超新星爆发后恒星的中心残骸质量大于 3.2 倍太阳质量，那么中子也无法抵挡引力坍缩，这时天体就会坍缩为黑洞。之所以称为黑洞是因为任何物质和辐射，包括光，在如此强大的引力作用下都不能逃离该天体，外部观测者无法观测到它。

以上就是恒星的生命过程，壮丽而多变。恒星的能量来自核能，但宇宙中还有一种叫类星体的类似恒星的天体，其辐射功率（光度）可达恒星的 10^{10}~10^{15} 倍，而且其辐射功率可以在一天之内增加一倍，其能量显然不可能来自核能。它们的能量到底从何而来，至今仍是个谜。

21.6 暗物质与暗能量之谜

1932 年，荷兰天文学家琼·奥尔特研究了银河系外缘星体所受的万有引力，他惊讶地发现，这些星体受到的引力与比我们能看到的发光星体所产生的引力大得多。他据此估算了银河系的总质量，发现这个质量大于可见星体总质量的两倍。

当时人们对宇宙的研究还处于初级阶段，没有人重视这个发现。一晃几十年过去了。

到了 20 世纪 60 年代，美国女天文学家薇拉·鲁宾等人在观测螺旋星系转速时，又发现了这个现象。按正常情况，离星系中心越远，受到的引力越弱，所以星系外缘的星体运动速度应该随距离增加而越来越小。但结果却令人吃惊，处于不同距离的外缘星体运动速度基本一致，基本不受距离影响。也就是说，有别的看不到的东西在吸引着它们，补足了引力强度。于是他们只能得出这样的结论：螺旋星系中大部分物质都是弥散开、看不见的，除了显露出它们的质量影响之外，别的什么也没有显露出来。

1983 年，人们发现距银河系中心 20 万光年的一个星体，它的视向速度大于 465km/s。根据天体物理学理论，产生这样高的速度只有在银河系总质量十倍于可见物质时才有可能。

这些现象都表明：宇宙中的确存在暗物质。所谓暗物质，是指无法通过电磁波的观测进行研究，也就是不与电磁力产生作用的物质。暗物质自己不发光，别的光线也能直接穿过它，不与它产生任何作用，所以看起来空无一物，但它就在那里。人们目前只能通过引力效应判断宇宙中暗物质的分布。

2006 年，美国天文学家无意间观测到星系碰撞的过程。星系团碰撞威力之猛，使得暗物质与正常物质分开，因此发现了暗物质存在的直接证据。

虽然人们已经对暗物质作了许多天文观测，但其组成成分至今仍是个谜。让人们无奈的是，暗物质的谜团还没解开，另一个更大的谜团又出现了——暗能量。

1998 年，美国的天文学家们利用遥远星系中的超新星来进行距离测量，从而追溯宇宙随时间的膨胀情况。这些超新星距离我们都在几十到上百亿光年远，所以它们实际上都是在几十到上百亿年前爆发的，这样可以利用它们来研究宇宙早期的情况。观测的结果是：超新星的星系距离比按哈勃定律计算的星系距离大，那些遥远的星系正在以越来越快的速度远离我们，这意味着我们的宇宙正在加速膨胀！

宇宙膨胀在加速是个极其令人惊讶的结果，它与宇宙学家们原先所预测的宇宙在减速的图像完全相反。因为万有引力的吸引特性意味着，任何有质量物体的集合在分散开的时候，其向外膨胀的速度必然会因为物质之间的引力作用而越来越小。所以，人们本以为宇宙膨胀是在踩刹车的，但结果发现它却是在踩油门。这实在是太出人意料了，从根本上动摇了人们对宇宙的传统理解。到底是什么样的力量在推动宇宙加速膨胀呢？这种力表现为与引力相反的排斥力，它能超越引力作用而使宇宙加速膨胀，这不可能是任何一个已知的力，所以人们将导致这种力的能量命名为“暗能量”。

尽管暗能量与暗物质都有着神秘的身份，但它们是不同的。暗物质和普通物质一样有着相同的万有引力作用，而暗能量则刚好相反，它是一种“反引力”，会产生向外的加速度。科学家们对暗物质的组成都摸不着头脑，对暗能量更是只能望而兴叹了。虽然提出了一些模型，但都没有得到证实与公认。

2002 年，天文学家们获得了宇宙中大部分能量是以神秘“暗能量”形式存在的新证据，这是通过对遥远的类星体进行长期观测而得出的。研究结果显示，约 2/3 的宇宙能量由暗能量组成。

目前最新的数据显示，在整个宇宙的质量构成中，我们常说的可见物质只占 4.9%，暗物质占 26.8%，还有 68.3% 是暗能量（质能等价）。

虽然看上去我们对宇宙已经了解了很多，但实际上人类对宇宙的认识还处于起步阶段，暗物质、暗能量、类星体等未解之谜预示着人类在宇宙探索的道路上还有很长很长的路要走。

21.7 时空的颤抖：引力波

1887 年，在麦克斯韦做出存在电磁波的预言近二十年后，赫兹在实验室中发现了电磁波。现在，有关电磁波的应用已经融入人们生活的各个角落。人们已经知道，电磁场的传播，也就是电磁波的产生是由电荷的加速运动导致的，电荷无论具有直线加速度还是向心加速度，都会产生电磁波。

像麦克斯韦一样，爱因斯坦也做出了关于另一种波的预言。1918 年，广义相对论发表两年后，爱因斯坦注意到，广义相对论方程式中存在着这样的解：当物体作加速运动时会产生一种波——引力波，它随着时空自身的波动而传播。爱因斯坦指出：引力场也会像电磁场存在电磁波那样以波动的形式离开场源传播下去。

根据广义相对论推导得知，引力波与电磁波既有相似之处，又有不同之处。引力波同电磁波一样，以光速传播；电磁波是由交变的电场和磁场组合而成，引力波也是一种交变的场，但这种场是时间曲率和空间曲率的起伏，代表着时间和空间的形变；引力波与电磁波都是横波，即波的振动方向与传播方向垂直；但是，电磁波是矢量波，而引力波是张量波，具有极强的穿透力。

矢量波和张量波都是专业术语，我们无须深究，只要通过图 21-4 就能观察到它们的不同。从图中可以看到，电磁波中的电场和磁场方向是固定的，而在引力波中，交变场的方向随着波的前进在连续地变化着的，看起来像一个电钻的钻头，是一种螺旋状的波。

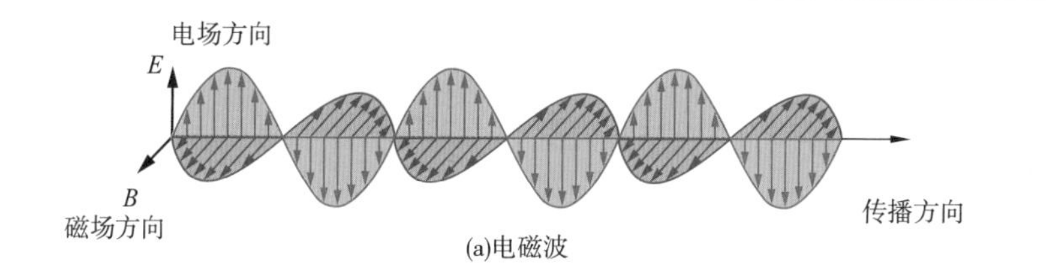

(a)电磁波

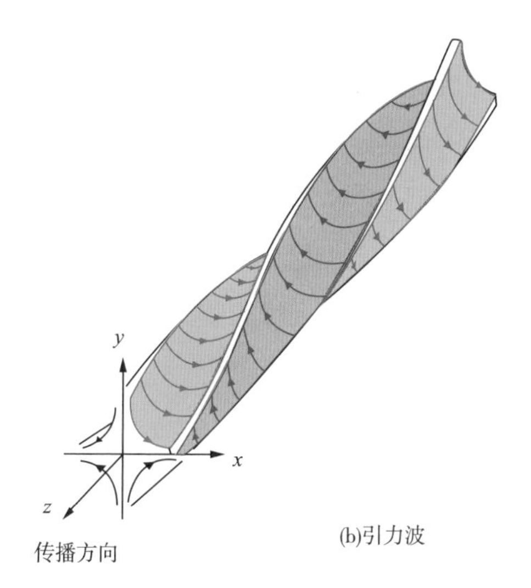

(b)引力波

图 21-4　电磁波与引力波的传播示意图，电磁波中的电场和磁场方向是固定的，而在引力波中，当波沿着 z 轴方向传播时，沿 x 和 y 方向的振荡在连续变化

引力波代表的是时空的振动，要知道，时空的坚硬程度是超乎想象

的（见 21.2 节），所以其振动是相当微弱的。爱因斯坦曾经做过一个估算：取长度为 1m 的棒，令其以最大的可能速度作旋转，由此产生的引力波功率是 10^{-37}W。这个功率小得可怜，假设一只蚂蚁沿着墙向上爬行，其所用的能量都能达到 10^{-7}W。引力波如此微弱，以至于爱因斯坦曾认为引力波可能永远都不会被探测到，他甚至两次宣布引力波不存在，然后一次再一次地修正他自己的预测。

随着时间的推移，人们对天体认识得越来越丰富，科学家们意识到某些天体的运动会产生极强的引力波，比如超新星爆发、双脉冲星体系的运动，以及黑洞的碰撞等。

黑洞的质量可以达到 10 ~ 10^9 个太阳的质量，这样巨大质量的物质坍缩将产生极强的引力波。对于离得较近的两个黑洞，它们在长久的轨道运行中会慢慢地螺旋着彼此靠近。由于黑洞的逃逸速度等于光速，两个黑洞最终将以极高的速度碰撞并合并在一起。当它们碰撞时，其所产生的引力波的能量可达到 10^{52}W 的水平，但这个能量水平无法持久，只能维持 1ms 左右。这里出现的问题是：两个黑洞碰撞形成的引力波是以爆发的形式出现，而不是一种有规律的周期振荡，所以它什么时候能传递到地球上并被我们探测到，只能靠运气了。

幸运的是，人类竟然捕捉到了这样一个信号。2015 年 9 月 14 日，由两个黑洞合并产生的一个时间极短的引力波信号，经过 13 亿年的漫长旅行抵达地球，被美国激光干涉引力波天文台（Liaser Interferometer Gravitation wave Observatory, LIGO）分别在路易斯安那州与华盛顿州建造的两个引力波探测器（两地相距约 3000km）以 7ms 的时间差先后捕捉到。据研究人员估计，两个黑洞合并前的质量分别相当于 36 个和 29 个太阳质量，合并后的总质量是 62 个太阳质量，损失的 3 个太阳质量的能量以引力波的形式在不到 1s 的时间内被释放出去。我们可以根据 $E=mc^2$

算一算，这个能量比宇宙中所有恒星在一秒钟内辐射出的能量还要高好几百倍。如此剧烈的爆炸，难怪连时空都要为之“颤抖”！

那么这个引力波信号是如何被捕捉到的呢？我们知道，引力波会使时空产生波动，当引力波经过时，空间会发生变形。在一个固定长度的真空空腔里，如果空间被拉长，那么激光走过这段路程所用的时间就会变长；如果空间被压缩，那么激光走过这段路程所用的时间就会变短。如图 21-5 所示，上述 LIGO 的引力波探测器有两条相互垂直的分别长达 4km 的真空空腔，同一束激光被一分为二，分别进入两条空腔内，然后被终端的镜面反射回出发点。当引力波经过时，一条空腔长度被拉伸，另一条被压缩，于是这两条空腔内的激光会产生光程差，在分光器处汇合后会发生轻微的干涉，从而探测到引力波。虽然当时空间的变形只有质子直径千分之一大小的尺度，但还是被灵敏度高得惊人的探测仪捕捉

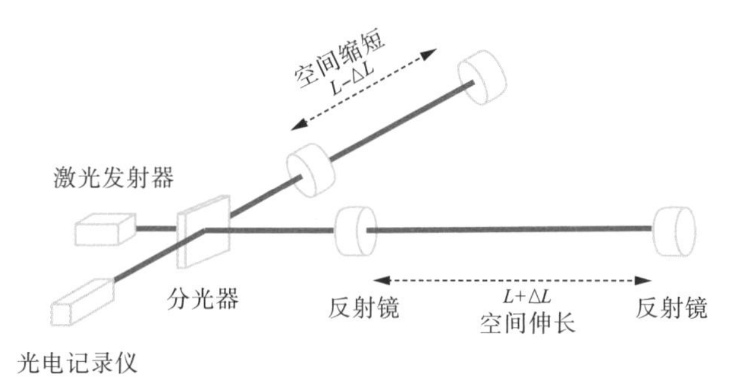

图 21-5　LIGO 引力波探测器基本原理示意图，反射镜被磨成精度达一亿分之一英尺[①]的完美球面镜，激光射入后在其中来回反射 100 次才射出，这样可以使得 4km 的臂长等效成 400km 的距离，镜子被连接在一个钟摆系统上来消除微小的地质抖动以保持稳定

① 1 英尺≈ 0.3048 米。

到了。

自从电磁波被发现以来，天文学家们一直在通过不断增加的电磁波谱的波段范围来探测宇宙，而引力波的发现则可能开创一个研究宇宙的新时代，它代表着一种尚待开发的波谱，是一种可以用来探索宇宙更多秘密的全新波谱……

时间、空间、量子、宇宙……人类就像是在浩瀚大海边玩耍的小男孩，每拾到一个漂亮的贝壳都会欣喜不已，但是，浩瀚的大海里还隐藏着多少秘密，小男孩也许需要一辈子的时间去探索……

后记

写书是一件快乐的事情，但却有着艰苦的过程，其中苦乐只有作者自己知道，然，苦，并快乐着。当我写完最后一个字时，所有的苦都一扫而光，剩下的，只有尽情的快乐。

掩卷之余，我常常在想一个问题，我们对量子和宇宙的认识究竟到了什么程度?

爱因斯坦认为，美是探求理论物理学中重要结果的一个指导原则。简洁的、具有美感的物理公式体现了自然界的内在美，比如牛顿第二定律 $F=ma$，爱因斯坦质能方程 $E=mc^2$，都简洁而深刻地反映了自然规律。爱因斯坦的相对论被众多物理学家们赞美为“本质上是美学的”，但是量子力学却无法获得这样的赞誉。

量子力学的数学处理实在是太复杂了，量子力学的三种表述形式——波动力学、矩阵力学、路径积分——都需要用到繁杂的数学知识。薛定谔方程的求解过程极其复杂，以至于绝大多数薛定谔方程都无法精确求解，只能得到近似解。虽然现有理论也能精确地描述量子世界，但也许并没有揭示其本质。就像一道本来是 1+1=2 就能解决问题的算术题，我们却可能在以 1+0.9+0.09+…的方式在计算，虽然结果也相当精确，但走了弯路，绕了大圈子。

所以我一直在想，也许这些理论只是现阶段的一个过渡，未来人们可能会发现更简洁、更美的理论来描述量子世界。

宇宙已经有近 140 亿年的历史，而人类的现代科学研究只有区区几百年的历史，要想把宇宙的规律和奥秘完全搞清楚是不太可能的，所以我们不能认为目前的量子理论和宇宙理论是绝对真理，这只是现阶段科学家们处理相关问题所提出的科学模型，将来肯定会有新的模型出现，修正甚至取代现有模型。对未知世界的探索永远都有新的惊喜，这正是科学的魅力所在。

怀疑是科学发展的动力，我希望读者朋友们本着怀疑精神来读这本书，要敢于对现有知识提出挑战。费曼说的一定是对的吗？霍金说的一定是对的吗？哥本哈根解释真的完美无缺吗？我能不能找到更好的解释方法？

希望你能做到。

高鹏

2016 年 8 月

参考文献

[1] 哈里德，瑞斯尼克，沃克．哈里德大学物理学 [M]. 张三慧，李椿，滕小瑛，等译．北京：机械工业出版社，2009.

[2] 费恩曼，莱顿，桑兹．费恩曼物理学讲义：第 3 卷 [M]. 潘笃武，李洪芳，译．上海：上海科学技术出版社，2005.

[3] 张三慧．大学物理学 [M].2 版．北京：清华大学出版社，2000.

[4] 赵凯华，罗蔚茵．新概念物理教程：量子物理 [M].2 版．北京：高等教育出版社，2003.

[5] 狄拉克．量子力学原理 [M]. 陈咸亨，译．北京：科学出版社，1965.

[6] 杨泽森．高等量子力学 [M]. 北京：北京大学出版社，2007.

[7] Griffiths. 量子力学概论 [M].2 版．北京：机械工业出版社，2006.

[8] 黑 A，沃尔特斯．新量子世界 [M]. 雷奕安，译．长沙：湖南科学技术出版社，2005.

[9] 格林 B. 宇宙的琴弦 [M]. 李泳，译．长沙：湖南科学技术出版社，2002.

[10] 克劳．量子世代 [M]. 洪定国，译．长沙：湖南科学技术出版社，2009.

[11] 华生．量子夸克 [M]. 刘健，雷奕安，译．长沙：湖南科学技术出版社，2008.

[12] 霍金．时间简史——从大爆炸到黑洞 [M]. 许明贤，吴忠超，译．长沙：湖南科学技术出版社，2002.

[13] 柯文尼，海菲尔德．时间之箭——揭开时间最大奥秘之科学旅程 [M]. 江涛，向守平，译．长沙：湖南科学技术出版社，2002.

[14] 巴戈特．量子迷宫 [M]. 潘士先，译．北京：科学出版社，2012.

[15] 郭奕玲，沈慧君．物理学史 [M]. 2 版．北京：清华大学出版社，2005.

[16] 祝之光．物理学 [M].4 版．北京：高等教育出版社，2012.

[17] 旷远达，等．量子电磁学 [M]. 北京：中国计量出版社，1997.

[18] 王正行．近代物理学 [M]. 北京：北京大学出版社，2010.

[19] 薛凤家．诺贝尔物理学奖百年回顾 [M]. 北京：国防工业出版社，2003.

[20] 马树人 . 结构化学 [M]. 北京：化学工业出版社，2001.

[21] 周公度，段连运 . 结构化学基础 [M].4 版 . 北京：北京大学出版社，2008.

[22] 范康年 . 物理化学 [M].2 版 . 北京：高等教育出版社，2005.

[23] 薛晓舟 . 量子真空物理导引 [M]. 北京：科学出版社，2005.

[24] 杨建邺 . 光怪陆离的物质世界——诺贝尔奖和基本粒子 [M]. 北京：商务印书馆，2007.

[25] 摩里斯 . 探索无限 [M]. 吕爱华，王克，译 . 北京：华夏出版社，2002.

[26] 关洪 . 量子力学的基本概念 [M]. 北京：高等教育出版社，1990.

[27] 艾克塞尔 . 纠缠态——物理世界第一谜 [M]. 庄星来，译 . 上海：上海科学技术文献出版社，2011.

[28] 曹庄琪，殷澄 . 一维波动力学新论 [M]. 上海：上海交通大学出版社，2012.

[29] 福特 W. 量子世界——写给所有人的量子物理 [M]. 王菲，译 . 北京：外语教学与研究出版社，2008.

[30] 库马尔 . 量子理论 [M]. 包新周，伍义生，余瑾，译 . 重庆：重庆出版社，2012.

[31] 曹天元 . 量子物理史话 [M]. 沈阳：辽宁教育出版社，2008.

[32] 弗雷泽 . 反物质——世界的终极镜像 [M]. 江向东，黄艳华，译 . 上海：上海科技教育出版社，2002.

[33] 李宏芳 . 量子实在与薛定谔猫佯谬 [M]. 北京：清华大学出版社，2006.

[34] 高潮，甘华鸣 . 彩色图解当代科技——物质科学 [M]. 北京：科学普及出版社，2008.

[35] 罗恩泽 . 真空动力学——物理学的新架构 [M]. 上海：上海科学普及出版社，2003.

[36] 爱因斯坦 . 狭义与广义相对论浅说 [M]. 杨润殷，译 . 北京：北京大学出版社，2006.

[37] 柴之芳 . 从宇宙大爆炸谈起——元素的起源与合成 [M]. 长沙：湖南教育出版社，1998.

[38] 帕格尔斯 . 宇宙密码 [M]. 郭竹第，译 . 上海：上海辞书出版社，2011.

[39] 费曼 . QED 光和物质的奇妙理论 [M]. 张仲静，译 . 长沙：湖南科学技术出版

社，2012.

[40] 高崇寿，曾谨言 . 粒子物理与核物理讲座 [M]. 北京：高等教育出版社，1990.

[41] 李桂春 . 光子光学 [M]. 北京：国防工业出版社，2010.

[42] 苏晓琴 . 量子信息之量子隐形传态 [M]. 北京：中国科学技术出版社，2007.

[43] 祖卡夫 . 像物理学家一样思考 [M]. 廖世德，译 . 海口：海南出版社，2011.

[44] 林德利 . 命运之神应置何方——透析量子力学 [M]. 董红飚，译 . 长春：吉林人民出版社，1998.

[45] 罗森布鲁姆，库特纳 . 量子之谜——物理学遇到意识 [M]. 向真，译 . 长沙：湖南科学技术出版社，2013.

[46] 克莱格 . 量子纠缠 [M]. 刘先珍，译 . 重庆：重庆出版社，2011.

[47] 斯莫林 . 宇宙的本源——通向量子引力的三条途径 [M]. 李新洲，等译 . 上海：上海科学技术出版社，2009.

[48] 王正行 . 简明量子场论 [M]. 北京：北京大学出版社，2008.

[49] 巴戈特 . 希格斯“上帝粒子”的发明与发现 [M]. 邢志忠，译 . 上海：上海科技教育出版社，2013.

[50] 加来道雄 . 爱因斯坦的宇宙 [M]. 徐彬，译 . 长沙：湖南科学技术出版社，2006.

[51] Halpern. 探寻万物至理——大强子对撞机 [M]. 李晟，译 . 上海：上海教育出版社，2011.

[52] 向义和 . 大学物理导论——物理学的理论与方法、历史与前沿 [M]. 北京：清华大学出版社，1999.

[53] 布莱尔，麦克纳玛拉 . 宇宙之海的涟漪——引力波探测 [M]. 王月瑞，译 . 南昌：江西教育出版社，1999.

[54] 陈应天 . 相对论时空 [M]. 庆承瑞，译 . 上海：上海科技教育出版社，2008.

[55] 张汉壮，王文全 . 力学 [M]. 北京：高等教育出版社，2009.

[56] 霍金，等 . 时空的未来 [M]. 李泳，译 . 长沙：湖南科学技术出版社，2005.